U0303787

Ala (Macfarlane)
G. 8. 2000.

玻 璃 的 世 界

〔英〕艾伦·麦克法兰
格里·马丁 著

管可秾 译

商务印书馆
创于1897　The Commercial Press

献给莎拉和希尔达

致 中 国 读 者

　　很荣幸,能向中国读者介绍《玻璃的世界》。我的好几本书已经译成日文和其他文字,但是译成中文这还是第一本,所以,它能够呈献在您的案头,我感到格外高兴。也非常感谢译者管可秾女士向中国读者译介这本书。

　　自从我早年开始阅读李约瑟和其他作者的著作,因而对中国的科学和文明有所了解以来,我就感到困惑:公元1200年中国这一技术与知识高产的文明还在独步世界,为什么后来却被西方迎头赶上?中国为什么没有发生文艺复兴运动和科学革命?许多人也同样困惑。我们这本书作为一家之言,试图解答上述问题。

　　中国文明在西方学者心目中一向魅力无穷,而且他们的兴趣近年不断高涨。本书便是西方广泛兴趣的一个表现。我们认识到,我们西方今日所拥有的东西许多都滥觞于中国。我们也注意到,中国当前正大步迈向世界。因此我们热切希望深入了解她的历史、文化和传统,恰如中国人热切希望了解西方一样。写作本书的目的之一,正是想让它成为东西方文明之间的一座桥梁。

　　通过本书，中国读者有望了解一系列特殊而意外的事件，它们通过玻璃将西欧推向了一个可信知识大增的全新世界。西方读者则可管窥他们认为理所当然很有价值的玻璃制造技术为什么在中国被忽视了许多世纪。两边的读者又都有望了解艺术、科学、经济和思想领域的一次偶然分殊造成了何等巨大的后果。

　　过去几年两度访问中国以及近期计划中的一次访问，无不加深了我对你们伟大文明的倾慕与好奇。本书在我与中国思想者之间进行的、我希望日益增多的对话中，只是一个小小的开端。我希望你们喜欢它，希望它会使你们意识到我们大家在地球上拥有的共同人性，这共同的人性就潜藏在书中所描述的偶然形成的差异之中。

艾伦·麦克法兰

2003 年 7 月 1 日，于剑桥

目　录

前　言

　　这是一本描写变化的书，特别描写玻璃的存在和人类对玻璃的应用如何大大加速了变化（反之，玻璃缺席则变化滞缓）。人们在历史研究中表现出一种强烈的倾向，那就是试图指认创造历史的个人，将他们英雄化，至少将他们说成关键人物，以便解释事件的展开过程。在尝试理解人类的发明创造时，这种诱惑更难避免。但它往往导致对历史的歪曲，因为变化其实产生于数十人、数百人乃至数千人的综合活动。不过，我们仍然经常给某项具体的创造或发明贴上个人的名签，为的是速记或便利。本书提及一些具体的个人的姓名，正应该以此种定义加以解读。

　　这一定义也适用于本书的写作。虽然是两个作者署名写作，两位作者的共同贡献却是不可分解的。同理，两位作者仅仅是一个更大网络的组成部分，因为，为着这一本书，许多朋友、权威和相关人士作出了奉献。其中对于成书影响最为直接和显著的人士如下述。克里斯·贝利教授、马克·埃尔文教授、卡洛琳·汉弗莱教授、苏·达格利什博士、西蒙·沙弗博士、戴维·史尼思博士提出了非常有价值的建议。金·普伦德加斯特在韩国调查了中小学校学生和教师,并安排我们访问韩国。所隆志教授、戴维·杜根和卡洛·马萨雷拉对日本近视眼研究给予了极大帮助,后两位更帮助我们形成对玻璃的全面认识。同时要感谢纳齐英玻璃公司的斯蒂芬·波洛克—希尔。

约翰·戴维、莎莉·杜根、艾丽斯·麦克法兰、安德鲁·摩根仔细阅读全书并作出了评论。其中约翰·戴维还担任了本书编辑。感谢马克·杜林检查校样。

我们缩小焦点,集中于玻璃,是莎拉·哈里森的创意。她建议我们把全部有关资料和征引文件放在另一处(www.alanmacfarlane.com/glass)。她阅读全文并提出了许多宝贵建议。希尔达·马丁也给予了大力帮助。谨将此书献给莎拉和希尔达,以感谢她们在我们长期研究中的不懈支持。

插图目录及来源

版社,1989年),第260页

6. 丢勒的绘画工具

丢勒,《量度艺术教程》,第一版,纽伦堡,1525年;

复制来源:马丁·肯普,《美术史》(耶鲁大学出版社,1990
年),第172页

7. 罗伯特·胡克的复合显微镜

胡克,《显微图集》,1665年

8. 巴斯德的烧瓶

用于1860年他的"细菌自然发生"研究

9. 哈里森的计时器

原物藏于格林尼治国家海事博物馆;发明编号:Ch.38

复制来源:威廉·安德鲁斯(编辑),《经度探询》(哈佛大学出
版社,1996年),第240页

10. 松岩图

左图《雨》,狩野山雪绘,大英博物馆藏;

右图《风雨山水图》,马远绘,东京岩崎弥之助男爵收藏;

复制来源:劳伦斯·宾雍,《远东绘画》(多佛出版社,1969
年),第206、154页

11. 德文特湖景两幅

上图中国水墨画《德文特湖畔牛群》,蒋彝绘,1936年;

下图印刷品《德文特湖,远眺波罗代尔》,佚名,1826年;

复制来源:贡布里希,《艺术与错觉》(费登出版社,1960年),
第74页

第一章　看不见的玻璃

　　……论证之前请猜想吧！难道还需要我提醒你一切重大发现都是如此产生的吗？

亨利·彭加勒[1]

　　我们多数人对玻璃漫不经心,但是请想象我们一觉醒来,发现的是一个将玻璃清除得一干二净、或者根本不曾发明玻璃的世界吧:所有的玻璃器具都荡然无存,连同今天那些用类似材料譬如塑料制成的物件,没有了玻璃它们也不复存在;所有从玻璃衍生的物体、技术和思想见解也都销声匿迹了。

　　我们伸手摸索闹钟或手表,结果却没有闹钟或手表,因为离开玻璃盖面的保护,不可能产生小型化的钟表。我们寻觅电灯开关,却不会有电灯开关,因为根本就没有玻璃去制作灯泡。我们拉开窗帘,一阵强风穿过没有玻璃的窗户迎面袭来。假如我们遭受近视的痛苦,我们就只能看见眼前十时的光景;而倘若我们远视——年过五

---

　　[1]　Henry Poincaré(1854—1912),法国数学家。(本书注释均为译注)

旬是很容易远视的,我们就看不成书籍。不会有隐形眼镜或普通眼镜来帮助我们解脱视力困境。

浴室里没有清晰的镜子照着我们剃须,也没有瓶装的油膏和插放牙刷的玻璃杯;客厅里没有电视,因为离开玻璃屏幕电视机就不会存在;我们放眼窗外,看不到轿车、公共汽车和飞机,因为缺少玻璃风挡,它们哪一样也行驶不了(而且几乎可以肯定它们压根就发明不了);城里的商店没有橱窗;我们的花园没有暖房。夜晚的街道在火炬的光芒中幽微地闪烁。中央供暖的发明,罗马人厥功甚伟,而维多利亚的子民贡献无几,所以我们在黑暗中瑟瑟发抖。

这里仅仅是少数几例,说明假如玻璃离开了我们的生活,世界会是怎样。更加惊人的恐怕是,差不多其余一切方面都要受到影响。几乎可以肯定不会有电,因为电的发明依赖于燃气或蒸汽轮机,而轮机的发展需要玻璃。因此也就没有收音机、电脑和电子邮件。很可能也没有自来水。不言而喻,我们无法用电做饭,也不存在冰柜和冰箱。在所剩无几的那点儿工业生产领域,非人力能源的使用会少得惊人。我们的农田无法施加化学家们利用玻璃工具发明的化肥,产量就达不到现今的二十分之一。

在医院,医药杀死的人数会多于治愈的人数。人们无法认知细菌和病毒的世界,无法研制抗生素,也不会因为 DNA 的发现而发生分子生物学革命。由于不能有效控制流行性和地方性疾病,这些疾病仍旧如同 18 世纪末一样肆虐人间。

3 　　我们对太空的认知和控制也会非常有限。我们甚至可能无法证明地球围绕太阳运行。我们的天文学仍旧古色古香,我们的天气预报也全凭运气。远程航海缺少精确的工具来测量经度和纬度。当然,也不会有雷达或无线电通讯来帮助迷路人辨别方向,又遑论电话和电报。

　　艺术和美学的世界也迥然异趣,不仅不会出现摄影、电影和电视,我们对于空间、透视和现实的观念也会根本不同。文艺复兴时代的三维空间表现手段无从发明,我们的各种艺术表现体系也就不可能远远先进于 12 世纪。

❧　　❧

　　本书将说明玻璃在生活的方方面面是如何重要。确实,其它物质例如木材、竹子、石头和黏土也能提供保护和贮存。但玻璃的独特之处,在于它不仅具备保护、贮存和其它多种实际用途,而且能够延伸视觉这一最强大的人类知觉和大脑这一威力无比的人类器官。

　　通过镜子和透镜,玻璃使我们对自身、对世界产生了全新的感知。望远镜、显微镜和眼镜让我们看清了仅凭肉眼看不见的远远近近的事物。通过气压计、温度计、真空管、曲颈瓶和其它仪器的豪华阵容,玻璃使我们得以离析化学物质、检验有关其特性和相互反应的理论。玻璃保证了我们对大自然作出精确阐释,加以保存,然后毫无失真地传送到遥远的地方。简言之,玻璃影响了我们生活的每一个领域。

自 20 世纪中期以来,玻璃的代用品层出不穷,玻璃于今显得不那么无可替代了。虽然夏特尔①大教堂和国王学院②礼拜堂的窗户可能永远不会被彩色有机玻璃所置换,美酒佳酿也不会从塑料瓶中饮用,然而玻璃还是在被其它透明材料所广泛取代。一个玻璃消失而世界并不倾圮的时代——今天则无疑会倾圮——或许会到来,然而,那要等到玻璃技术不再是一个如此重要的因素,像在孕育现代文明的最近数千年那样,如此有力地增进着人类的福祉和知识。

我们生活在一个玻璃浸润的文明之中,然而玻璃对于我们简直是一种看不见的物质。不妨使用一个来自玻璃的隐喻:让我们的目光重新聚焦,不再穿透玻璃,而凝神注视一会儿玻璃,以便沉思它的奇妙吧——这将是一个富于启迪的做法。

————————

①　法国城市,有著名的主教大教堂。

②　即英国剑桥大学的国王学院,本书作者麦克法兰教授任教于此。该学院的礼拜堂是一处名胜。

〜〜　　〜〜

一旦我们注意到玻璃,我们可能觉得它难以定位,因为它似乎游动在族类之间。这也正是它的魅力和威力之源泉。玻璃是奇异的。化学家发现它抗拒着他们的物质分类。它既非名副其实的固体,又非货真价实的液体,而经常被描述为"物质的第四形态"。很长一段时间它令科学家们十分为难,因为他们在玻璃里面找不到任何晶体结构。玻璃脆而易碎,这是它的一个弱点,但是玻璃又格外耐久和柔韧,到了熟练而聪明的匠人的富于创造力的手中,玻璃几乎具有无限的可塑性。

1961 年雷蒙德·麦克格拉思和 A. C. 弗洛斯特[①]写道:玻璃——

5　　　　可以呈现任何颜色,而且,虽然不具备普通字面意义上的所谓肌理,但它可以接受任何一种外表处理。在光和形的感应方面,它简直无与伦比。它能够承受极端的抛光处理和精雕细凿,它又洁净,又耐久,又坚实,还可以几乎不知不觉地从透明过渡到半透明再到不透明,从完美的反射过渡到漫射再到毫无光泽的表面。事实

---

①　Raymond McGrath 和 A. C. Frost,见本书"参考书目"。

上,简直没有它不能呈现的外表特点。然而同时,它又具备一种高度个性化的本质,不论我们如何处理它,不论我们把何种外表强加于它,它仍旧保持着它那明白无误的"玻璃性"。不论它是被浮饰、雕刻、磨砂、喷镀制镜、压印我们选择的任何图案、铸造、吹制,还是加膜等等,它似乎没有一个承受极限,施于它的不同处理方式排列组合起来也似乎没有极限。它的"玻璃品质"一直是它华丽的 *raison d'etre*。①

在玻璃的早年,人们更重视它的美丽,而较少关注它的实用性,实用性是后来才变得明朗起来的。玻璃最早是制造来满足人们美感的,此后是用于魔法巫术,然后由于一次历史上最伟大的偶然事件,它的折光性才使它成为人类认识自然世界之真谛的一个最重要途径,并很好地诠释了约翰·济慈②的著名论断:"美即是真,真即是美"。将近六十年前一位杰出的玻璃史学家 W. B. 哈尼③洞察到玻璃的令人敬畏的本质:

　　玻璃如今太叫人习以为常,难得引发它当之无

---

① 　斜体字为法文:存在之理由。
② 　即英国著名诗人 John Keats(1795—1821)。
③ 　W. B. Honey,见本书"参考书目"。

愧的好奇心了。它作为纯粹沙与尘的产物,天生已
经够奇妙,一旦制成器皿,则更能进一步招致种种奇
观异象,因为它的瑰丽决不像是纯粹计算出来的结
果。它的外形也许可以设计和控制,它的颜色也许
叫得出名目、并可用一定百分比的氧化物固定。但
是在这一切之外,玻璃这物质还具有一种不可预测
的性质。至于玻璃内在的光与色的闪耀、它那虚幻
的气质,以及经常被其外形切实记录下来的那"独特
的姿态",也许仅是玻璃迁就艺术家愿望而展现的部
分美丽要素而已。

奇怪的是,玻璃作为一种思想的技术,其发展史很少
获得学者的持久注意。人们普遍认为玻璃发展过程在世
界各地大体相像。假若我们居然想起玻璃来,我们多半
会揣测:玻璃发明了几千年,玻璃的生产遍及欧亚;玻璃
在各地的用法多少有些雷同,使用范围也差不多,而且如
此这般地流传到了今天。我们模模糊糊地知道:文艺复
兴时期玻璃曾在威尼斯登峰造极,除此之外,它似乎主要
是一种非常实用和便利可用的物质。

本书的一个宗旨是对这些推断和现成知识加以反
思。我们希望分享发现的惊异,例如发现玻璃其实在很
多文明中简直不曾存在,而所在之处,它扮演的角色也大

相径庭。我们同样惊异地发现，玻璃一经发明未必就会被使用，有些文明在使用之后倒是又放弃了它。我们还希望重新体味玻璃令人惊叹的本质，一如1750年约翰逊博士①栩栩如生的描述：

当人们第一眼看到，由于热力的一次偶然强化，沙与尘熔成了一种金属般的形式，它生满赘疣因而粗粝不平，充满杂质因而晦翳不明，此时谁能想象在这堆不可名状的物体里，潜藏着如此之多的生活便利因素，它们迟早将组成现世的大部分福祉呢？然而正是某一次这类偶然的液化过程，教会了人类如何获得一种高度坚固而又高度透明的物体，它可以接纳阳光而抗拒风寒，它可以让哲人的目光延伸到客观存在的种种新领域，时而以无穷的物质创造、时而以动物的无尽类属使他着迷。尤有甚者，它可以弥补自然的衰朽，以辅助的视力援助老年人。第一位玻璃技工就是这样从事工作的，不论他自己意识到或预料到与否。他使光明的享受变得便利并有所延长，使科学的路径变得坦荡，使人们的快乐臻于极点而永久不衰；他又使学子能够冥思大自然，使美人

---

①　Dr. Samuel Johnson（1709—1784），英国辞典编纂家、作家、文学评论家。

能够欣赏自己。

　　追随约翰逊博士的视界,我们可以遨游于广阔的时空,返回到万年之前,在整个已知的地球之上翱翔。这个旅程并不总是轻松。若想了解玻璃的历史之谜,需要多种文理学科的知识和研究方法。这些学科,每一种都见证过一段故事,但是无法想象出整体——恰如每一位只触摸大象身体一个局部的那群哲人。

　　在我们为了本书的研究而检视博物馆时,我们发现,全面概观的缺失,从玻璃展品的处理上得到了很好的说明。伦敦的维多利亚与阿尔伯特博物馆和剑桥的费茨威廉博物馆陈列着精致的玻璃饮具和镜子,国家科技博物馆展示着透镜和棱镜,大英博物馆展出的是玻璃文物和艺术品。当我们在记忆的虚拟博物馆聚集这些展品时,我们才开始把玻璃这非凡物质的历史碎片整合在一起。然而竟没有一家博物馆展出过玻璃窗。是距离我们写书地点几码之遥的国王学院礼拜堂的中世纪彩色玻璃窗,提醒了我们玻璃在历史上扮演的又一个重要角色。

　　我们找到了散落在艺术史家、科技史家、人类学家、生物学家、化学家、眼科专家的著作中叙述玻璃的片断。任何人,如果希望把玻璃提到讨论的中心,就必须为此而轻快地穿梭于各类学科之间,哪怕常识警告我们不要超越自己的能力范围。我们因此而非常依赖其它领域的专家的帮助,其中有些专家的著作列举在本书末尾的"推荐书目"部分。由于玻璃是如此复杂的物质,而对玻璃之影响的研究又是如此不足,所以玻璃有哪些效应就可能很难论证。譬如我们可能觉得玻璃镜塑造了我们的个人观,或者觉得透镜改变了光学并深刻地影响了文艺复兴,但是很难无可争议地证明这些联系。我们提出其中存在联系,并希望言之成理、令人信服。人们对过多的臆测很是警惕,而本书就包含了一定的臆测。然而当我们不得不作出臆测时,我们并没有伪装它们。不妨说,有时候正是在第一批朦胧的猜想开始显得可信,足以为深入研究提供理由之后,方才有了发现。我们希望,本书的推理将促使他人来研究我们的论点和结论正确或错误到什么程度。

在过去的一千年间,世界发生了非凡的变化。人类的数量虽然大大增长,但是由于农业的改革,却有了更多的粮食来养育人类。可利用能源大量开拓。由于对疾病增进了认识,预期寿命也就普遍提高。凡此种种,以及其它,都属于人类可信知识的扩大。这种扩大,我们认为离开了玻璃是办不到的。在讲述玻璃的奇妙故事时,对于世界何以形成今日之世界、人类何以变成今日之人类,我们也希望投上一缕智慧之光。

第二章　玻璃在西方
——从美索不达米亚到威尼斯

美哉！神圣的光，你是上天的长子

你是与上天共享万寿的不灭的光芒

如此尊称可算渎圣？因为上帝即光

天生的光明本质，辉煌灿烂地播扬

自那无穷无尽的永恒而始，自那时

便寓居于你呵，你这不可企及之光。

约翰·弥尔顿:《失乐园》卷三,1—6行

　　无人确知玻璃是在何地、何处和怎样发端的，但是这个问题并不十分影响本书的宏旨。玻璃的发轫地，可以提出中东作为泛泛的答案，也许不止一处，其中包括埃及和美索不达米亚。至于何时，有人估计玻璃起源于公元前3000年至前2000年之间，另有人提出早在公元前8000年陶器就出现了上釉迹象。而玻璃怎样发端，就全靠猜想了，我们只能说它的首次制成纯属偶然。

　　最初各式玻璃都不透明。这一点，我们可从突然间大量出土的公元前1500年左右的玻璃制品上看出来。

图1　古埃及玻璃——约公元前 1370 年

　　古埃及玻璃器皿，用于贮存液体，约公元前 1370 年制造。早期玻璃大都不透明，一如此例。一两千年以后透明玻璃才流行起来。因此人们曾长期将玻璃视为陶瓷替代品，或用来仿造不透明的宝石。

12　该时期也是开发"坯芯成型"技术的时期。"坯芯成型"技术主要有两种,其中一种如下述:将一根棍子埋在黏土里,浸入盛有加热玻璃的坩埚;再抽出,上面覆盖了一层玻璃;用石板抹平玻璃,再把玻璃赶到黏土棒的一端;经过冷却之后,拔出棍子,刮去黏土,于是一个空心玻璃管就制成了,其表面还可以带有刮刻出来的任何花纹。当时玻璃制造术在地中海东部地区流传甚广,通过腓尼基商人,又开始流传到希腊诸岛和北非。人们把玻璃看作可以模仿其它物质的东西,既像陶土,又能用来仿制宝石。玻璃此时并不透明。这个时期玻璃有三种用途:给陶器上釉面、制成首饰、制成主要盛装液体的小型容器。

　　公元前1500年至基督元年之间的某个时候,大约是在公元前500年,玻璃制造术传到了东亚,中国人也得悉此术。到了公元前100年左右,欧亚大陆大部分地区都掌握了制造彩色玻璃和无色玻璃的基本知识。玻璃的主要用途一仍其旧:给陶器上釉、制成首饰和容器。

　　开发了无限新前景的玻璃吹制术,是基督元年之前的一个世纪中发展起来的。在叙利亚或伊拉克某地,一种制造玻璃产品的革命性新技术发明了。此前玻璃产品是铸制和磨制的,此时才发明了玻璃吹制术。这里要用到一根至少一米长的铁管,把它浸入熔化的玻璃中,蘸出

13　一团,然后吹制匠把玻璃吹成一个泡。我们想当然地以

为这是一种明摆着的技术,实际上发展到这一步,却需要对玻璃的特性和潜能极其娴熟和了解。就技术而言,需要把玻璃加热到比铸制和磨制时高得多的温度,需要呈现相当的液态。这就对熔炉的知识和经验提出了要求,而熔炉技术在中东的玻璃制造业已经很先进。玻璃吹制术一经开发,就可以制作非常纤薄而透明的玻璃了。这项新技术大大推广了玻璃产品,更开发了玻璃的一些潜在新用途。

事实上,欧亚大陆东端和西端在玻璃使用方面的分殊正是两千多年前开始的。为了探究其原因和结果,我们必须分别审视这些不同的文明。我们将围绕玻璃的五项主要用途进行研究。这里将使用语义更加明确的法语词汇表示不同形式的玻璃,取代英语的集合名称 glass①,以表示玻璃的前三项用途:用"verroterie"②指称玻璃珠子、玻璃砝码、玻璃玩具和玻璃首饰;用"verrerie"指称玻璃器皿、玻璃花瓶、玻璃瓶和其它实用器具;用"vitrail"或者"vitrage"指称玻璃窗。此外我们还得加上另外两项,一是玻璃镜子;一是透镜和棱镜,包括它们在眼镜等方面

---

① 英文:玻璃。

② 这里的和以下的法文词汇,词义均与"玻璃"相关:verroterie,玻璃珠子或彩色玻璃小饰物;verrerie,玻璃制品或玻璃器皿;vitrail,彩绘玻璃窗;vitrage,玻璃门窗。

的应用。

❧　　❧

罗马人在玻璃发展史上占据中心地位,他们不仅提供了工艺技术,而且贡献了一个认识,即玻璃是一种名副其实的重要材料。直到 19 世纪,罗马玻璃制造技术很多方面都无出其右者。不过,玻璃在西方独特地位的演化过程,呈现出的最大特点还是态度上的革命。正是西欧对待玻璃的态度,区分了玻璃在西欧和在亚洲的不同历史。

罗马文明集中开发玻璃的室内装饰用途,而改革创新的机会恰恰出现在罗马文明的鼎盛时期。由于玻璃吹制术的发展,玻璃器皿的低成本大规模生产成为可能。玻璃既然是一种万能的、又洁净又美丽的物质,于是精良的玻璃制品不免备受珍视,而且成为富有的象征。玻璃大获成功之后,就开始挖其劲敌陶瓷的墙角了。玻璃主要用作各类容器:碟子、瓶子、罐子、杯子、盘子、匙子,乃至灯盏和墨水池。玻璃还用作铺砌材料、护壁材料、培育秧苗的温室构架,乃至排水管。如果说,当时玻璃器物种类繁多,其用途比包括今天在内的任何历史时期都更为广阔,也并无夸大之嫌。尤其因为玻璃烘托了罗马人所陶醉的杯中物——酒——的迷人之处,它更是备受推崇。

为了观赏五光十色的美酒佳酿，玻璃就必须透明。于是人们认识到透明玻璃既实用又美观，这一认识是又一次进步，对于未来寓意无穷。在罗马文明以前的一切文明中，在欧亚大陆西部以外的一切文明中，玻璃的主要价值在于绚丽多彩的不透明外形，所以玻璃多用来模仿宝石。而透明玻璃生产逐步完善所导致的长线结果，是玻璃通过镜子、透镜和眼镜等形式，发展成为一种思想工具。

在切割、雕刻、涂彩、镀饰和花纹设计等方面，罗马人非常先进。他们深谙玻璃吹制行当的一切诀窍，手下的许多精美作品大可与许多世纪之后的任何产品相埒。

罗马玻璃工匠具有高超的技术能力，因此，不论从其产品的多样化还是数量来看，都可以断言罗马文明在晚近之前比其它文明更为玻璃所浸润。这也部分地归因于玻璃产品的低廉价格。庞大帝国的每一角落都不乏玻璃供应。从现存的垃圾场和垃圾堆可以分析出，当时玻璃器具略有损坏就会被弃置，因为购买新品比修补旧物更便宜，也更容易。

我们提出的玻璃五大用途，罗马人尤其发展了其中两种，即 verroterie（玻璃珠子类）和 verrerie（玻璃器皿和其它家居什物类）。其它三种用途以后将成为中世纪欧洲的伟大发明，虽然当时已经切实可用并且确实为罗马

人所知,但他们并未广泛采用。这三种用途就是 vitrail
(窗玻璃类)、镜子和透镜。

有充分证据表明罗马人能够制造很不错的玻璃窗,
而且偶一为之。他们显然是用铸造法制作窗玻璃的,并
能制作相当大型的窗玻璃。罗马城市庞贝可以提供佐
证,从意大利和其它地方的罗马式住宅也已找到例证。
不过专家大多对意大利窗玻璃发展之滞缓惊异不解。一
般的解释是,一方面地中海气候温暖,一方面人们使用了
云母、雪花石膏和贝壳作为廉价替代物。也可能大面积
的平板玻璃当时太粗糙,充满瑕疵,买得起的人实在看不
出需要拿它来给家居锦上添花。不论原因何在,玻璃窗
在南方没有重大发展。向欧洲北方走去,才发现玻璃窗
存在的更多证据,这说明气候的论点是正确的。在英国,
罗马入侵之后玻璃窗相当普及,甚至越过罗马帝国的前
沿而深入苏格兰南部地区。罗马帝国崩溃后,窗户工艺
正是在欧洲北部发展并繁荣起来的。

罗马人虽然知道如何制作玻璃镜,却更青睐金属镜。
考古研究仅仅发掘了极少数玻璃镜。罗马玻璃镜一般镀
锡,少数镀银,用作手镜,但是可以从头到脚照见全身的
大镜子也有所发现。

同时,大概罗马人也了解玻璃具有放大物体的功用。
有一个充水的小玻璃球,也许就是辅助镂刻珠宝之类精

细作业的,但是罗马人并没有研制出透镜、棱镜和眼镜。玻璃作为获取光学和化学方面可信知识的一个工具,似乎并未显著开发。罗马人为一个玻璃的世界打下了基础,然而这种奇特物质的哲学效应尚未被感知。

对于玻璃的影响,我们的认知困难主要起因于一个谬种流传的印象。许多人以为罗马玻璃不论多么了不起,罗马帝国衰亡之后,这一切在西方就多少失传了。这也造成了肤浅的印象,觉得玻璃匠人大概遭到了杀戮或遣散,玻璃市场也化为乌有了。而且,很长一段时间这种猜测似乎还得到了考古记录的支持。公元前 400 年之后生产的玻璃,出土要少得多,出土的也都显得质量低劣。玻璃的明显匮乏状态在欧洲似乎一直持续到公元 1400 年,罗马帝国的崩溃仿佛遗留了近千年的玻璃真空。大约二十年前,连玻璃研究的专家都作如是观。

被这样一幅图景蒙蔽,我们很难看到玻璃也许是一种导致巨大差异的技术。假设西欧在一千年间多少遗失了玻璃,西欧在玻璃方面也就不大可能领先于其它文明。如果公元 1100 年前西欧很少有玻璃,我们就不得不认为,必须花上几个世纪玻璃才能复苏,只有从 16 世纪前后它才能开始发生显著影响。这幅图景必须彻底修正。

修正后的图景将为立论提供一个迥异的联系脉络,因为它将表明,虽然玻璃制造业确实存在一次衰退,罗马帝国的这项遗产却基本上保存下来,而且在某些方面即使公元 1200 年前也在不断进步。

考古学是可能发生误导的。已发现的大约公元 5 世纪后的玻璃产品,质与量无疑大幅度减损,即使 8 世纪欧洲开始经济复兴后,玻璃的量似乎也并无明显增加。但是,这并不一定反映了真实情况,倒是说明存在三种别的因素。第一,由于基督教的发展,此时很少会有陪葬品了,包括玻璃陪葬品,而玻璃陪葬品正是发现罗马玻璃制品的主要渠道。第二,我们知道,玻璃碎片当时是回收再生的。第三,公元 9、10 世纪以降欧洲制造的大部分玻璃,使用的钾均取自欧洲蕨和山毛榉等林地植物灰烬,而非取自海生植物,结果,以这种方式制造的玻璃远比罗马时代的玻璃容易腐烂,如果掩埋在酸性土壤中尤其如此。

最后需要说明:玻璃失传的假想还意味着以往的发掘者并未密切注意所发掘的玻璃类型。而且事实上,晚近以前人们对中世纪初期的欧洲简直不曾做过郑重其事的考古工作。情况而今已经改观,中世纪考古学这门比较年轻的学科发现了丰富的中世纪玻璃宝藏。出土文物重构了我们的知识,而且证实了我们瞻仰壮丽的中世纪教堂彩色玻璃时的猜想:玻璃曾广泛传播,它是玻璃工匠纯熟技艺和高度自信的产物。

那么,公元前500年至公元1200年左右呈现的新图景是什么样的呢? 首先它会复述一点儿老故事,老故事包含的一部分真实性是不应该一笔抹煞的。千真万确,尤其在阿尔卑斯山以北,罗马帝国的衰亡导致了一段时间内玻璃技术和产量的惨重损失。但是我们现在已能看出,这里并非全然的断裂,而是一幅衰退和延续参半的图景。玻璃的质与量确曾下降,而玻璃技术却保存下来,人们对玻璃的高度重视也没有遗失。

我们作出错误推测的一个原因在于,继续生产玻璃的多为旧罗马帝国边缘地区。玻璃制造中心北移到了德国、法国北部和英格兰。罗马人对玻璃的钟爱也远远传播到了阿富汗和撒哈拉腹地,北至苏格兰和斯堪的纳维亚。这些地区在蛮族蹂躏罗马帝国之时,早已接纳了玻璃,当作生活的基本需要,这一传统此刻仍在延续。所以最近的研究表明,罗马帝国的衰亡对阿尔卑斯山以北玻璃制造者产生的影响远远小于过去的估计。

从地中海东部玻璃原创者那里,罗马人学到了手艺,后来又偿还赠礼,丰富了那里的玻璃制造业。甚至在罗马衰亡之前,北欧玻璃制造业就受益于东方影响,罗马帝国衰亡之后,北欧继续给玻璃制造业注入新的活力。叙利亚、埃及和东罗马帝国在罗马帝国崩溃之后保存了一座技术和知识的宝库,显然这对北方的玻璃制造者产生了戏剧性的影响。从地中海东部地区移民过来的玻璃匠人遍布欧洲,他们改进了各项玻璃技术,在法国西北部尤为显著。

因此,罗马帝国崩溃之后的情况远非静态。罗马的许多古老技术保存下来,但是经过若干世纪,北方的玻璃制造发生了变化。例如,罗马技术被一些新型玻璃器具的制造所取代,主要是饮具,名目繁多,如法兰克的、墨洛温①的或条顿的②。这一时期的玻璃发展有三个特别重大的影响力值得注意,它们不仅将早期罗马的精湛技术引向新的方向,而且有助于保存伟大的玻璃传统。

一个影响力是基督教的兴起,以及主要用于教堂的玻璃窗的开发,然后是涂色和染色玻璃生产的深入发展。有文献提到5世纪的法国图尔,稍晚英格兰东北部的桑德兰,存在着这样的玻璃窗;后来在公元682—约870年间蒙克威尔茅斯以及更北部的贾罗③,玻璃窗进一步发展。到了公元1000年,教会的记录已经频繁提及涂色玻

① 历史上法兰克王国的王朝,486—751年。

② 条顿族为古代日耳曼族的一支,居住在易北河以北。这里"条顿的"漫指日耳曼风格。

③ 蒙克威尔茅斯和贾罗均为英国地名。

璃了，例如 1066 年蒙特卡西诺第一所本笃隐修院①的一批记录。本笃会对促进窗玻璃的发展功莫大焉。正是本笃会修士发现玻璃可以用来荣耀上帝，他们在隐修院从事玻璃的实际生产，注入大量技术和金钱去开发玻璃。本笃会修士多方面承传了玻璃这项罗马遗产，而他们对窗玻璃特别重视，这将导致一种极其强大的动力，促使玻璃生产从 12 世纪开始惊人地增长。

除增加了窗玻璃之外，公元 1100 年前，玻璃的另两个主要用途一直是 verroterie（珠子、玩具、首饰类）和 verrerie（器皿类）。公元 1100—1700 年间，这两项早期用途继续发扬光大，精细饮具类尤其发达。用于宗教建筑的彩色玻璃和用于民居的素色玻璃也越来越普及。同样，玻璃镜作为家居奢侈品，其质量和大小也有所增进。玻璃的新用途则体现于透镜、棱镜和眼镜的研发，于是玻璃开始服务于光学目的。窗户、镜子和光学玻璃即将改变欧洲的知识基础，而同一时期在其它地方，这类玻璃的生产规模尚微不足道。

罗马帝国崩溃之后，玻璃生产传统似乎从未在意大 21 利消亡，尤其未在威尼斯周边亚得里亚海地区北部消亡。然而，确实是从 13 世纪，意大利的、特别是威尼斯的玻璃

---

① 在意大利，由圣本尼迪克特创办。圣本尼迪克特（480？—547），或译本笃，意大利人，是天主教隐修制度和本笃会创始人。

制造业才开始影响全欧洲的。到了 14 世纪初期,玻璃生产在欧洲已经流传广远,接着在 15 世纪,大概深受地中海东部地区一些事件的影响,玻璃工艺得到进一步改善。1400 年穷兵黩武的蒙古大汗帖木儿攻陷大马士革(一个玻璃重镇),更导致玻璃匠人汇聚意大利。1453 年君士坦丁堡沦陷于土耳其人之手,也发生了同样情况。

玻璃制造业此时发展了两项特殊技术,为足以支持知识革命的高质量玻璃打下了发展基础。其中第一项技术也表明,复兴古罗马玻璃匠人的技术确实影响重大。威尼斯附近穆拉诺岛上的玻璃制造者利用罗马玻璃技术进行实验,在 15 世纪末开发出一种玻璃制造方法,叫作 *millefiori*①,是在玻璃中嵌入纤细的七彩玻璃丝。更重要的是开发了水晶(或曰水晶玻璃),这个词汇是 1409 年首次提到的。水晶可以非常薄,几乎没有重量,毫无瑕疵,也无颜色,玻璃工匠可以塑成种种优美绝伦、复杂精妙的外表。水晶的纯净和纤薄成为人们迷醉和向往的对象,因而它汇入了此刻在意大利北部出现的文艺复兴潮流。

玻璃的发展在任何文明中都可能发生循环运动,端赖人们对玻璃见解如何,而对玻璃持何见解,又取决于玻

---

① 意大利文:七彩镶嵌法,一种琉璃制作工艺。原意为"图样像千万种花一样缤纷灿烂"。

璃本身质量如何和用途多寡。玻璃制造技术逐渐改进，22
玻璃需求量也随之增大，金钱源源流入，技术便进一步改
善。因此，意大利玻璃生产的爆炸不仅是欧洲 12 世纪以
降财富增长的自动结果，它与知识和文化方面的其它动
因也有千丝万缕的联系。

　　其中一个动因是人们日益迷恋珍奇物质，文艺复兴
时期的艺术赞助人尤其沉湎其中。人们认为天然水晶具
有魔力，因此推崇备至，不过唯有富人才能享用。相形之
下，精细玻璃身价低廉，却是同样美丽而更加万能的一种
物质。威尼斯的玻璃工匠还开始仿制许多别的坚硬宝
石，例如玛瑙、玉、碧玉、天青石，用途多样，从杯子到烛台
及至珠子，不一而足。

　　乔治·阿格里科拉[①]在 1550 年的旅行记中描述了穆
拉诺玻璃工匠手下无奇不有的玻璃用途。"玻璃匠人制
造形形色色的东西：杯子、香水瓶、水罐、圆瓶、盘子、托
盘、镜子、动物、树木、船只。产品精细美妙，品种不胜枚
举。在威尼斯，尤其在集中了世界最著名玻璃工厂的穆
拉诺地方举办的耶稣升天节玻璃市集上，我看到的就是
这番景象。"玻璃制造蔚成重要艺术形式，蔚成知识与文
化时尚，然后回馈到科技和艺术的试验场。富人出于猎

---

　　①　Georgius Agricola（1494—1555），德国矿冶学家。

奇和创造美丽事物的愿望,开始建立玻璃工场供自己消遣。玻璃制造成为高贵的追求。

这里着重描述了威尼斯玻璃,但应记住,意大利还有其它一些玻璃重镇,尤其应该提到北部城镇阿尔泰尔。阿尔泰尔的那些玻璃工场比穆拉诺的要小,但是影响非常大,因为它们奉行的政策是尽量广泛传播它们的玻璃技术,而不像穆拉诺那样,试图把玻璃技术当作行业机密来保守。玻璃制造业并不局限于这两个著名的玻璃中心。意大利的其它许多城市也有玻璃工场,包括帕多瓦、曼图亚、费拉拉、拉文纳和博洛尼亚。

主要从 16 世纪开始,意大利玻璃技术的影响以及玻璃本身的影响蔓延开来,传遍了整个欧洲。新技术达及的一个重要地区是尼德兰,而精细玻璃的这个北方重镇正是文艺复兴绘画的另一个著名重镇,似乎非关巧合。水晶玻璃制造技术 1537 年传到安特卫普,1541 年一位威尼斯人又在那里创立了一个制镜厂。

约公元 1400 年之后,意大利的尤其是威尼斯的玻璃发展具有重大意义,尽管如此,它却很容易造成假象,而1100—1400 年间的图像更易失真。在罗马帝国晚期,德国和法国的玻璃制造业也比较先进,这个传统一直保持下来,最终在波希米亚臻于顶峰。中世纪考古的近期发现使我们看到精细玻璃并非意大利的专利。事实上,欧洲有两个不同的玻璃制造传统。毫无疑问,在 15 世纪初期以前,德国、法国、弗兰德斯、英国和波希米亚等北方诸地的玻璃制造传统完全像意大利传统一样纯熟,即使它使用着不同的技术、制造着别样风格的玻璃器具。

在波希米亚,银矿创造的财富带来了繁荣,人们有能力购买格外精美的无色而纤薄的玻璃,14 世纪中叶之前当地生产的正是这样的玻璃。波希米亚人承袭的是一个早期传统,经过一定阶段,他们甚至将超越意大利人。

15 世纪威尼斯有了绝佳的玻璃之后,玻璃的发展并未驻步不前,玻璃制造活动也并非一直局限于意大利和德国两个中心地带。16 世纪后,玻璃的历史是一部逐渐北移的历史,到 17 世纪末,英国已成为世界上最先进的玻璃产地。英国本是相对滞后的地区,但是欧洲大陆天主教反宗教改革运动①中身怀玻璃技术的难民荟萃英国,使之大受裨益。于是,改良的技术和知识馈入了英国的玻璃工场。任何规模的玻璃生产都需要极大量的燃料提供炉火,始于 17 世纪初叶的木料短缺导致了又一个重要发展——英国的玻璃熔炉开始使用煤。烧煤既提高了温度,又降低了玻璃生产成本。发展的结果,是英国对玻璃生产工艺作出了一项最伟大贡献,那就是非凡的铅玻璃。

①　指 16—17 世纪初天主教会集合封建势力对抗宗教改革运动的各项活动。

图 2　18 世纪英国铅玻璃

17 世纪最后 25 年间英国研制了铅玻璃。它质地坚韧,外观光彩夺目,因此成为当时欧洲最先进的玻璃种类。纯粹出于未可预知的偶然,铅玻璃最终导致望远镜和显微镜的发明及其质量的大改进。

铅玻璃是17世纪末乔治·拉文思克罗夫特开发的专利产品,原料为钾、氧化铅和煅燧石。它后来成为威尼斯玻璃的劲敌,并能成批生产。而且它具有不同于威尼斯玻璃的折光性能,人们利用它作部件,导致了18世纪高倍望远镜的产生。玻璃工业突飞猛进,1696年霍顿[①]列出88家玻璃厂,分别生产瓶子(39家)、镜子(2家)、冠状和平板玻璃(5家)、窗玻璃(15家)、燧石玻璃和普通玻璃(27家)。其中26家玻璃厂位于伦敦或伦敦附近。

英国玻璃生产的工业化,尤其因为使用了似乎取之不竭的煤作燃料,使得玻璃一时炙手可热,人们对各式各样玻璃制品的需求日益增长。反过来这又引发了进一步创新。技术高超的玻璃工匠熙来攘往,不断寻求安全港或新市场,玻璃发展的循环模式随之重复不已。

一个玻璃无处不在的文明诞生了,在这里,玻璃不仅用来制作首饰和器具,而且用来制作镜子、窗户和透镜。新的文明建立在罗马的知识和技艺的基础之上,又结合了中世纪欧洲财富的迅速增长,于是在知识与应用方面表现出一道十分陡峭的轨迹或曲线。公元1100—1600年间,一个仅仅狭隘而少量地使用玻璃的文明,变成了一个广泛使用上乘玻璃的文明。玻璃也从一种被视为替代

26

---

① Houghton,见本书"推荐书目"。

宝石和陶瓷的物质,变成了全新的东西。玻璃给观察者
提供了精确的映像,它阻挡风寒,同时却允许观察者看到
房屋之外,它还帮助人类以崭新的方式看见微小的事物
和咫尺之遥的事物。变化发生得实在迅猛,玻璃又确凿
是一种卓越的物质,改变了人类最重要的知觉——视觉,
一些重大的后果便产生了。这一切发生在适当的时间,
适当的地点,并携载着充分的动力,足以构成我们所寻求
的因由。现在我们需要更加靠近一点,审视玻璃是如何
在科学和艺术方面创造奇迹的。

第三章　玻璃与早期科学的滥觞

> 这一个长存，万象则变化消逝；[1]
>
> 天堂之光永照，大地阴影飘飞；
>
> 生命，如色彩斑斓的玻璃穹顶，
>
> 点染了永恒放射出的洁白光辉。
>
> 　　　　　　　　珀西·比希·雪莱:《阿多尼》

　　玻璃为 16 世纪末弗兰西斯·培根[2]和伽利略时代开始发生的可信知识膨胀奠定了哲学与实践基础,但它的这种预备作用往往不易觉察。然而,为了至少两种理由,我们需要了解此前发生的情况。大约始于 1600 年的科学活动高潮,其实只是西方可信知识增长的后续浪潮,是紧接着那些排头浪、尤其是发端于 13 世纪的前浪而产生的,如果我们认识不到这一点,就无法理解这次科学高潮。此外,这次科学高潮与我们今天界定为"文艺"的一

---

　　① 原文用到柏拉图的哲学概念 One(一)和 Many(众多)。One 代表理念、本体、永恒;Many 代表现象、幻影、无常。英国浪漫主义诗人雪莱(1792—1822)的长诗《阿多尼》是为哀悼济慈而作。

　　② Francis Bacon(1561—1626),英国作家及哲学家。

些发展有密切关系。科学和文艺,即真和美的追求,当时并不是两个互不搭界的奋斗目标。我们今天所谓的"文艺"复兴,如果看作中世纪几何学和光学各项发现的实际运用部分,也完全讲得通。

培根和伽利略时代之前,科学已经打下了一个四重基础,舍此则不可能出现 17 世纪的种种发展。当时已经存在一系列技术,今天我们称之为实验法。还存在一种殷殷求知的态度,一种可能发现新事物的信仰,一种信心,认为在现实表象之下深藏着一些规律有待发现,而发现它们乃是人类义不容辞的责任。也存在一系列数学工具、特别是几何和代数,以及关于自然世界及其运行规律的大量知识积淀。最后,已经有了实验室的概念,实验室里充斥着思想工具,许多是玻璃制成的,不过也充斥着天体观测仪等其它工具,以便精确地研究和测量大自然;由于深受炼金术实验的影响,还有阵容可观的曲颈甑、长颈瓶、壶、镜子、透镜和棱镜等,化学、物理学和光学中已经在使用它们。这一切的出现并非理所当然,其实不妨说,它恰恰违背了我们已发现的人类认知方面的某些强势规律。

爱因斯坦曾概括科学的特点,说是两种东西的混合:

希腊几何加实验法,他认为后者与"文艺复兴"相关联。但是 20 世纪后半叶的大量研究显示,实验法早在 15、16 世纪的文艺复兴之前就诞生了。实际上,就某种意义而论,实验法是没有时间性的。从物种起源之初,一切动物以及后来的智人,都一直使用着某种实验法,就是说,先形成假定、再检验。一个小小的孩子受到警告:炖锅是烫的,他会轻轻摸一摸,验证这个假定,然后增加了一个知识,用以强化一条通则,即刚刚从热炉子上拿开的东西会把热度保留一段时间。当然,一切文明都做实验,希腊人更是其中翘楚。

将爱因斯坦的论断重新措辞可能会更准确。我们谈论的其实是度,而非一种彻头彻尾的差异;我们都是实验主义者,只是一些人比另一些人更具备实验气质而已。日常生活中处处有实验,然而毫无疑问,在许多文明中,人们认为而且往往与时俱增地认为,自然知识已经足以够矣。该知道的东西都已经知道了,佛陀、孔子、穆罕默德和亚里士多德早就给出答案了嘛,为什么还要实验?确实,很多权力在握的人主张不应该做实验,因为实验要么是某种形式的亵渎,要么是对统治者赖以建立其统治权力的那些现成知识表示怀疑。这使我们想到,在人类认知自然世界的持续前进路途中,差不多总是设置着极大的障碍。

卡尔·波普尔[1]早些时候曾指出,开放社会是不断研究和评估大自然与社会关系的一种社会,这种社会树敌颇多。大部分人类对于确定性和秩序的爱好超越其余一切事物。创新和变化多半会威胁到这类秩序,尤有甚者,新思想还可能是颠覆性的和危险的。历史经常表明,某些思想体系倾向于封闭自守,倾向于加固和进一步设置屏障以防干扰。

30　　其表现之一,大略可用"宗教审判思想倾向"一言蔽之。不论在5世纪的希腊、11世纪的伊斯兰、12世纪的中国,抑或15世纪的意大利,一段革新和躁动过后,由于陈旧观念受到挑战,"开放"思潮变成主导,通常就会出现一次反动。它的决策人乃是那些从不放松思想体系控制的人——天主教审判官、某些政党,或者历史上其它任何相应的封闭型体制。即使"异端"已经铲除,对思想体系的质疑也被认为威胁到社会秩序和政治秩序。思想警察大行其道,不过不必召集到场,因为个人在各种压力、包括至爱者的压力之下已经实行了自我阉割。

如果以为只要"开放"了,思想体系就会越来越自由,那是一种天真的想法,我们切不可执迷不悟。从知识(和技术)现状获益的人,往往比有志趣改变现状的人要多。

---

①　Karl Popper(1902—1994),英国著名科学哲学家,获得英国女王授予的爵士头衔。另见本书"参考书目"。

这些既得利益者还有一个典型做法是通过控制教育体系来控制获取知识的手段。不管他们是耶稣会会士、满大人①或是毛拉②，无不严格执行一种主张：某些思想见解绝对不容挑战，学习既定真理和反复阐释它们，比学习新的真理更加紧要。

事实上，思想体系一旦封闭，则几乎不可能对之挑战。首先，新思想不可能想得出来；万一侥幸想出，立即会被碾成齑粉。封闭型思想体系的主要特征是其制度化和绝对化性质，因此增加了挑战的困难。它以一系列严峻的章程和逻辑井然的环节构成，质疑其中一个部分，就是质疑全部——如伊斯兰教、罗马天主教和孔教某些分支和某些阶段出现的情况。只是在偶然的几个例外中，僵化的惯性没有出现，体系保持开放，而且确实越来越开放。

伴随政治的困难而存在的第二重困难，或许可以称为"婆罗门陷阱"或"满大人陷阱"。人类历史的重要发展之一是改进思想技术——书面文字、新的数学符号系统、新的哲学体系逐渐增强了思想的力量。公元前 5 世纪之前，以希腊为显著，同时也在中国、印度和中东，一些强有力的思想工具已经便利可用了。那么，这些思想工具为

①　满大人，指中国帝政时代的官僚。
②　毛拉，伊斯兰教神学和圣律的教师和学者。

什么要花这么长时间才进一步深化了我们对周遭世界的认知呢？

一个原因似乎在于，学者的群体倾向是越来越耽溺于思想工具的外在形式和这些形式的承传，而忽略它们的境脉和运用。思想的手段和工具变成了它们自身的终极目的。于是人们发现，生搬硬套、无尽的死记硬背、着魔似的承传典籍等行为愈演愈烈，无人对此质疑。换言之，这里存在知识的成规化和官僚化。一切都典籍化了，并在典籍化过程中丧失了活力。知识目标变为确认现成知识，而不是提出怀疑。在欧洲，有了希腊人的辩论传统和对抗性逻辑学，再与重新发现它们之时的特定社会结构相结合，才避免了这类后果全面而极端地发生。然而上述趋势非常强大，阿拉伯思想和中国思想后来的枯竭便是明证。心灵逐渐被训练成记忆的仓库，储存半仪式化的或宗教性的真理。个中信念不是追求新的真理，而是加工和充实旧的真理。

还有一个障碍增强了这些普遍性困难，那就是做实验的个人成功机会比较渺茫。用以发现新事物的工具和技术是荏弱的，复杂的因果关系又过于纷乱，并深藏不露，单凭裸眼和大脑无法探究。

那么，需要什么东西来使知识累积，并导向一个开放的可信知识新天地呢？什么东西能使实验法不仅成为个人生存的私事,而且成为一种广泛运用和接受的方法,用以重新诠释关于客观世界的现成知识呢? 或许有很多这样的东西,但是本章只能浅论少数几样;其中有一些将昭然若揭——倘若我们看一看为伽利略时代的到来铺陈背景的两次实验热潮。

第一次热潮是 9—12 世纪阿拉伯科学家的实验工作。阿拉伯世界包含三层值得注意的成分。阿拉伯人已经从其它文明引进了新的理论构架,此刻需要通过实验和探索的方法加以吸收。复兴和汲取希腊的发现,以及较少量地复兴和汲取罗马的发现,只是其中的一个部分,他们同时也在吸收东方的思想,最值得注意的是吸收印度的数学和浩瀚的中国学问。阿拉伯丰饶地域的大思想家们受到这么多思想源流的滋养,现在面对的问题是如何汲取一些新理论到他们自己的哲学体系中去,跨欧亚大陆大片地域的伟大伊斯兰文明,于是置身于东方和西方之间的一个完美的连接点上,生发出一股对实验大吉大利的漩流。此外,对待新生事物的好奇心、惊诧感和迷惑感也存在于阿拉伯学者心田,这些情感正是科学的立身之本。不过,如果仅此而已,则大可怀疑其后果是否能够超越翻译和注释的范围,超越数学和一般理论方面的某些发展。

实验需要装备,既需要智力装备也需要实际装备。罗马帝国衰亡之后,阿拉伯地区是世界的玻璃制造中心。在 9 世纪以前,阿拉伯制造着形状、大小和颜色各异的最精致的玻璃。假若一位研究者想要一个玻璃长颈瓶来验证化学理论,制造这么一个瓶子是毫无问题的。假若需要用玻璃让光朝某方向折射,分解光并检查其成分,放大迄今为止不可见的物体,或者验证视像是否通过进出眼睛的光而被看到,这一切玻璃工具也都便利可得。有了玻璃提供的器具,又有了来自印度和希腊的数学工具与逻辑工具,某些实验才得以完成。

阿拉伯思想家们随时可以取用反射器具、镜子和折射工具,它们一般都是玻璃泡,里面装着水之类的液体。罗马人曾经使用这样的充水玻璃泡,普林尼[1]和塞涅卡[2]两人都提到过一种初级透镜的使用,那是一个吹制的泡,具有自然的球形外表,所以也无需正常透镜的抛光处理。阿拉伯人就是这种器具的继承者。这些充水玻璃球不难表现放大功效,聚集辐射的阳光,所以可用作取火镜。而且,如果两个玻璃球,假定其中一个直径为 4 厘米,另一

---

[1] Pliny(23—79),古罗马作家。

[2] Seneca(约公元前 4—65),古罗马雄辩家、悲剧作家、哲学家和政治家。

个为 10 厘米,都装满了水,让较小的玻璃球靠近眼睛,较 34
大的离较小的稍远一点,那么可以看到遥远物体的一个
(肯定很模糊的)倒置的、然而相当可信的形象,其尺寸有
所放大。这两个玻璃球不妨宽泛地叫作透镜,在一个玻
璃吹制历史悠久、透明玻璃唾手可得的地方,就像若干伊
斯兰玻璃制造中心那样,它们很容易制作出来。

这番撩人的倒置景象,从 8 世纪到 16 世纪一直使思
想家们梦绕情牵,也引起了一些评论,譬如罗杰·培根[①]
所说的"最遥远的物体恍若近在咫尺",还诱使后世评论
家认为,中世纪阿拉伯实验者或西方实验者拥有某种形
式的望远镜。在某种意义上,他们确实拥有这样的器具,
因为放大出来的物体形象比较真实。不过那形象太过扭
曲,所以一无用处,不成其为实用望远镜的预备步骤。望
远镜的发明,有待 17 世纪初叶透镜的发明。

在 9—12 世纪伊斯兰实验活动的巅峰时期,玻璃工
具发挥了关键作用,只要看看阿拉伯思想家作出最杰出
贡献的那些领域即可证明。在医学方面,利用玻璃观察
微生物或检验化合物是实验的中心内容。在阿拉伯人成
就卓著的化学方面,玻璃试管、曲颈瓿、长颈瓶是实验室
的必要设备。至于反馈过来深刻影响了物理和几何的光
学,这方面阿拉伯实验中棱镜和镜子的作用我们也有所

---

① 　Roger Bacon(约 1214—1294),英国僧侣及哲学家。

了解。他们还能够利用天然石英晶体的色散效应产生一种色光谱。他们也可能使用了平凸透镜,有关文本对其效应不乏提示,不过缺乏存留器具加以确证。

35 从事光学研究的首位杰出思想家是阿尔—金迪(约801—866)[1],他研究一种光理论,并在学术研究的混沌和希腊科学的遗址中建立了一些秩序。大约 984 年,伊本·萨赫勒[2]撰写了一篇关于取火镜和其它类型镜子的论文,他的论证显示,他能驾轻就熟地使用几何学推理,对后世的光学和物理学作出了总体上的重大贡献。他的理论难能可贵,首先因为其正确性,其次因为它是通过把几何推理应用于物理过程而完成的,从而为数学应用于光学奠定了基础。当然,它尚需一个进一步的假定去支持,即:光走直线。他们当时已经有这个假定,人们日常的观察也指向这个假定,例如当光线穿过云层或百叶窗缝隙的时候。所有这一切,确立了在实验支持下进行严谨逻辑思维的基调,事实上,逐渐增加的那一代可信知识,或曰科学,正是如此运作的。

哈桑[3]或许是从事光学研究的最卓越的阿拉伯哲学

---

① Al-kindi(约 801—866),阿拉伯物理学家、天文学家、哲学家、化学家和音乐理论家,通过对光反射进行研究,首先发现了光速快于声速。

② Ibn Sahl(约 940—1000),波斯教学家、光学工程师。

③ Alhazen(965—1039),阿拉伯数学家、物理学家。

家,他生于约965年,在开罗工作,印制欧几里得①和托勒密②的著作,约1041年去世,生前出版了大约120种书。约1200年,他的光学著作被译成拉丁文。《视觉论》则是1572年印行的,此书直到1610年开普勒③修订之前,一直是主流观点。它是一本实证性著作,通过哈桑的观察而得出结论。例如他做过一次著名实验,把三支蜡烛放在一张中间开了一个小洞的屏幕前,观察蜡烛投射到屏幕背面墙壁上的三个光点,结果表明:光走直线,而当几束光线穿过小洞时,它们并不彼此吸收,也不曲折。他主张,输入的形象是纯视觉的,辨识则是记忆和推理的结果;是形象和颜色进入眼睛,而非如旧理论所述,是眼睛放出光来搜寻物体。他提出,物体的表面由无数不同的斑或点组成,我们看见斑点并重新组合它们。他以崭新的方法分析了一个古老的学科,对认知眼睛的功能作出了贡献。不过,他并没有解剖过眼睛,因为伊斯兰教律禁止解剖,因此他所知道的眼睛解剖图是错误的。可能是他发明了 *camera obscura*④,肯定他是使用过的。

36

---

　　①　Euclid,约公元前3世纪的古希腊数学家。

　　②　Ptolemy,公元2世纪的古希腊天文学家、地理学家、数学家,地心说的创立者。

　　③　Johannes Kepler(1571—1630),德国天文学家。

　　④　拉丁文:暗箱,即照相机的前身,应用了小孔成像原理。原意为"阴暗的房间"。

尽管阿拉伯理论家取得了巨大进展,但是一般认为他们并未突破到我们称之为科学的那套纵横交错的实践活动中去。举凡曾经仔细研究阿拉伯学者成就的人,一致认为,不论原因何在,他们缺少 13 世纪之后某个时刻西欧发生的那种突破。

阿拉伯学者显然了解并使用平凸玻璃片,不过并未明显使用双面透镜。他们讨论过球形镜和占卜镜、*camera obscura*、平凸透镜和视觉。同样,中世纪欧洲的作者们显然也了解棱镜和平凸透镜,并在实验中使用了它们。虽然没有充分证据证明 1280 年前已经研制出双面曲线透镜,但是如果认为人们在此之前对这种透镜一无所知,又似过分拘泥,也一定会引起错误印象——如果我们考虑一下,中世纪科学家论述过玻璃的放大功效,并且其论述将产生深远影响。假若玻璃的最革命性效应之一在于望远镜和显微镜——如我们将要讨论的,那么 13 世纪就应发现端倪。当时有两位思想家论述过玻璃作为发现新事物手段的潜力,其论述值得引证。两人都清楚地表现了早期思想家的无奈心态:明知玻璃具有若干非凡品质,然而囿于技术现状又不能充分加以利用。

罗伯特·格罗斯泰斯特[1](约 1175—1253)在其《光

---

[1]   Robert Grosseteste(约 1175—1253),英国数学家、自然哲学家,牛津主教。

学论》一书中，论及玻璃的功效：

> ……向我们展现，怎样让遥远的物体显得近在眼前，或者让较大的近距离物体显得很小，又怎样将小物体置于一定距离并使其呈现任意大小，以便我们可以阅读难以置信的遥远距离之外的微小字迹，或者数出沙粒、谷粒、种籽或任何微小物体……显然出于几何推理，假设一种既定大小、既定形状的透明物体（*diaphanum*①）置于眼前一个既定距离……一切可见物体均能从任何位置、以任意大小呈现出来。极大的物体可以缩得极小，反之极小极遥远的物体也可以放得很大，以至于视力很容易辨识。

罗杰·培根（约 1214—1294）更清楚地表述了这些观念，因为他那个年代是可以读到哈桑著作的。他写道：

> 如果透过玻璃球或水晶球的切片看书上的字母或任何微小物体，将切片的平底放在物体上方，物体可以显得清楚得多，也大得多……因此这种器具对老年人和弱视者很有裨益，只要放大到适当程度，他

---

① 拉丁文：物体。

38　们便能看清极其微小的字母……最大的物体可以显得极小，反之亦然。最遥远的物体可以显得近在眼前，反之亦然。我们可以让透明器具处理特定图像，根据眼睛和被视物体的关系，按一定秩序设置它们，光线便能向任意方向折射和弯曲，以便我们从任意角度看见或远或近的物体。结果，我们可以从难以置信的遥远距离读出最小的字母，数出最小的尘埃颗粒，盖因我们的视角之大。反之，由于物体呈现角度之小，我们可能看不见近在身边的最大物体。除非偶然，影响这种视像的并非距离，而是角度大小。

这一理论的实际应用，尚待将眼镜片改造成望远镜和显微镜，尽管如此，玻璃可能开辟微观和宏观知识新疆域的观念却从此建立起来。阿拉伯思想家有所开发的透镜的巨大潜能，正开始成为现实。

※　　※

新知识涌入中世纪欧洲之迅雷不及掩耳是众所周知的。罗马帝国崩溃后，伟大的希腊—罗马科学传统几乎被彻底遗失或篡改了。保留的只是一鳞半爪，遗失的或许多达四分之三。而在 12 和 13 世纪，大批译文突如其39　来，多译自阿拉伯文，它们改造了西欧的知识。大学的创立和教会及经济的繁荣,各以不同方式为新知识提供了体制基础,会逢其时,新知识的洪流奔涌而至。希腊人的成就令人惊诧,罗马人虽次之,但在自然史、工程学和医学方面尤其成就斐然;此刻人们不仅可以获悉之,而且,由于阿拉伯学者在综合和扩充方面的功绩,知识在到达欧洲的时候还增加了分量。阿拉伯学者汲取了中国和印度的大量累积知识,尤其是有关一个更佳数学体系的知识,而且注入了他们自己的实验性及理论性研究。

以往最博学的西欧人对自然世界的法则也所知寥寥,仅了解少数几个修道院所保存的知识,再加上一点本地的独创。然而在大约一百五十年之内,他们就从这无知的世界搬迁到一个新的所在,欧亚大陆大部分地区三千年间积聚的可信知识尽在他们面前呈现开来。此刻大思想家们表现出的兴奋之情、质疑释惑的动力、好奇心和求知欲,而今仍历历在目,在罗杰·培根的著作中更是跃然纸上。

当时迅速膨胀的财富和技术更推进了这种求知欲,增加了试验和思考的动力,并加强了一个认识,即:知识的地平线在扩大,人类并非无所不知,新的疆域正待开发。由于密集开采风力、水力和动物资源,新型能量喷薄而出;贸易和城市在成熟;基督教在壮大,此时教会至少对研究上帝法则采取同情态度了。这一切都在鼓励人们

40 从事实验和驾驭新知识。知识爆炸的象征和表达,体现于宗教建筑,体现于巍峨的哥特式主教大教堂的发展。这些大教堂再次向我们显示了那个必不可少的相应工具,它使得好奇心和求知欲转化为精益求精的实验。

如前所述,大约自 12 世纪末,人们从未忘却的玻璃制造业在欧洲如火如荼地发展起来。意大利北部是著名的玻璃发展之乡,西欧其余大部分地区也并不相让。玻璃制造者的手艺因为几何学和光学新知识的回馈,更是锦上添花,而且逐渐付诸显然为改善人类视力和视像而设计的用途。

中世纪数学发展是一个例证,说明新生的玻璃工具与抽象知识的相互作用可以非常复杂。乍看起来与玻璃好像不沾边。影响深广的阿拉伯数学,尤其是算术和代数,毕竟来源于一个几乎没有玻璃的文明,即印度。然而,意味深长的是,爱因斯坦并未指认数学为"科学革命"的关键工具,而惟独挑选了(欧几里得)几何学。几何学本身也许不比代数或算术更重要,但是如果没有几何学的进步,哥白尼以降天文学的许多伟大成就是不可想象的。人人皆知,几何学在中国就没有多大发展。希腊人为几何学奠定了基础之后,该学科的复苏和丰富起初靠的是伊斯兰学者,后来是中世纪欧洲数学家。复兴遗失

41 的希腊遗产已经十分困难,但是要做的不仅如此而已。

对于空间和光的认知有了突出进展，这正是几何学的核心。

催化这些进步的，是光学的发展，确切地说，是阿德拉德[①]、格罗斯泰斯特、培根等学者反射光、弯曲光和分析光的全面工作。为此他们使用了镜子、棱镜和透镜等玻璃工具。为了保持兴趣、增进学界互动、获得控制知识的自信、对迄今难以解决的问题获得真知灼见，几何实验中的玻璃工具功不可没。它们的作用现在已经消隐，因为科学发现一旦完成，这类工具似乎就不重要了。事后，可能一切都显得轻而易举，或者顺理成章。但是，当初着手检验和完善希腊几何学的时候，在中世纪哲学家和数学家手边，希腊学者们得不到的新型工具就不可或缺了，哪怕它只是赋予他们以工作的力量。

近年来，人们越来越认识到中世纪光学博大精深，意义重大。这种认识部分地缘起于克龙比[②]的著作。克龙比描写了虹成因的研究始末，其方法是让阳光通过一个球形玻璃，经常是一个可以折射光、再从内部反射光的装满水的尿罐，或让阳光通过玻璃棱镜、六边形水晶等等；研究工作由格罗斯泰斯特肇端，在整个 13 世纪由阿尔伯

---

① Adelard(约 1080—约 1160)，英国科学家、翻译家，最早将阿拉伯数字和零引入西方。

② A. C. Crombie，见本书"参考书目"。

图斯·马格努斯①、罗杰·培根和维特罗②继往开来,最后,在 14 世纪初由弗莱堡的狄奥德里克将其完成。使用玻璃的这整个研究过程,促进了现代科学两大方法论基础的形成,那就是实验法和简约法则(即:大自然的运作采取最短和最简单的途经,亦即著名的"奥卡姆剃刀"③)。

罗杰·培根的研究工作尤为重要。他有两部著作讨论光学:*De multiplicatione speciarum*④ 基于光学模式而提出一种自然因果哲学,*De speculis comburentibus*⑤ 研究光的传播方式,并将之应用于取火镜的分析研究。这两部著作可列为他最成功和最有影响力的作品,它们专题研究几何光学问题,并依赖于阿拉伯人为科学发展建功立业时开创的方法论——如前所述。培根的全部研究工作都依靠光学工具,其中大部分是玻璃制造的。他利用凹镜和凸镜观察各种不同的弯曲表面,由此探究折射和反射的原理。他观察清晰的镜中映像,以了解镜子是如何反映形象的。镜子、棱镜和透镜保障了新型数学和

---

① Albertus Magnus(约 1200—1280),欧洲哲学家、科学家、神学家。

② Witelo,13 世纪图林根修道士,在哈桑著作基础上整理了一部更为精炼、较为系统的光学著作。

③ 指奥卡姆将论题简化的原则。奥卡姆(William of Ockham,约 1285—1349)是英国经院哲学家、逻辑学家,著有《逻辑大全》等。

④ 拉丁文:论种类的增殖。

⑤ 拉丁文:论取火镜。

几何的发展。

中世纪欧洲可信知识的膨胀之所以能将早期思想见解发展到一个新阶段，其中有若干原因。欧洲早期科学家可以获得的知识比阿拉伯思想家要多，因为在复苏的希腊知识之上，又添加了完整的阿拉伯综合知识这一新成分。新思想涌入西欧的速度也快得多，在阿拉伯世界花费了五百年传播的知识，在欧洲只用到这个时间的三分之一就完成了。好奇心和求知欲的刺激也大得多。各种辽阔领域的新知识洪波涌起，漶漫而至，其震撼之巨大是可想而知的。

同时，实验可用的玻璃仪器的质量也显著提高了。越来越多的镜子用玻璃制造，它们比金属镜反映出更加细致的景深和颜色。透镜开始使用，它能够提供线索，以便探求正常视觉水平之下存在的世界。棱镜变得更加精密。由于玻璃技术迅速发展，化学仪器不断完善。

确实，没有玻璃的实验室简直不可想象。假若没有那些曲颈甑、长颈瓶、容器、镜子、透镜、棱镜之类，实验室里能有什么呢（除掉书籍和几样测量工具）？看一看中世纪作品描述的西方科学家的工作环境，玻璃器具常常充斥其间。我们不禁开始赞赏玻璃工具的无处不在，例如，已发现的中世纪英国玻璃就包括广泛的化学设备。玻璃装备的实验室在西欧之外未能发展，在伊斯兰世界也未能充分发展。

图3 玻璃、炼金术和化学

　　玻璃由于惰性和不影响实验,所以有史以来在检验各类物质特性的实验中,玻璃都是最基本的设备材料。最初它的重要性体现在炼金术,炼金工场充斥着玻璃仪器,如这幅约翰内斯·斯特拉达鲁斯作品《炼金术士》所示(佛罗伦萨帕拉佐韦基奥博物馆藏)。后来,玻璃在化学实验中成为制造实验设备的基本材料,这也是著名的科学革命的一大特色。

❧　　　❧

如前所述，玻璃技术的一项迅猛发展是制造素色和彩色窗玻璃板，这在欧洲北半部尤其令人瞩目。玻璃窗的一个非常实际的效用是改善工作环境。在寒冷而黑暗的欧洲北半部，人们可以延长每日工作时间了，工作也干得更精细了，因为玻璃给他们阻挡了风霜雨雪。阳光明媚地照进房屋，严寒却挡在了屋外。在玻璃出现之前，人们只好使用牛羊角薄片或者羊皮纸，窗口小得多，刚够尺寸而已，采光也有限，暗淡不明。

不妨说，窗户也深层次地改变了思维。这里讨论的问题是，不论以镜子和窗户的形式，还是通过透镜，玻璃都会限制人的视野，从而集中和框定了人的思想，同时也导向对自然细节的深思和关注。很可能玻璃窗改变了人类和周遭世界的关系，只是于今难以察觉罢了。或许它鼓励了人们从房屋内部沉思外部的自然世界；人们透过窗户望见大自然，是在对大自然本身加以单纯欣赏。但是透明玻璃仅仅是令窗户变成奇妙窗扉的一种方式。值得注意的是，所有最伟大的西方中世纪科学家都是教会人士，如巴思的阿德拉德、佩尚①、格罗斯泰斯特以及培

①　Adelard of Bath（约 1116—1142），英国数学家，天文学家；John Pecham（1240—1292），英国坎特伯雷大主教。

根。原因或许是,唯有任职牧师才能获得时间和知识,作出高水平贡献,然而,他们居然那么强烈地关注光学及相关学科,仍是耐人寻味的。他们生活在一个主教座堂大兴土木的时代,真的只是巧合吗? 他们极可能受到了从庄严的彩色玻璃窗涌入的光线的影响。

光学成为西方中世纪科学的显学,相当于以后若干世纪中的物理学,是不足为奇的。光的形而上学,即光在希腊新柏拉图思想①以及基督教思想中的符号意义,是一个造成了许多重大后果的丰富主题。光学同时又极端复杂。多种思想流派被承继下来,并且由于教堂窗户和民居窗户扩大了光的世界,又受到新的推动。于是光与知识、真与美融合起来,是玻璃结合了它们。因此,既有了探索研究的动力,又有了一系列玻璃产品的发展,两者结合,使求知成为可能,并形成了我们所谓实验法的一个部分。

❧　　❧

47　　当然,在此处的讨论中我们必须小心避免落入一个陷阱,以为玻璃每每导向最终证明为正确知识的一个近似值。其间出现过许多硕果累累的错误。玻璃最厉害的作用曾经在于"天然魔力",以炼金术和占星术为典型表

---

①　公元 3 世纪创始于罗马的一种神秘主义哲学。

图 4　普里斯利的玻璃仪器

约瑟夫·普里斯利是 18 世纪的伟大自然科学家。本图表现了一些早期常规仪器，用于研究空气和其它气体的物理及化学特性。假若不使用玻璃工具，这类实验不可能进行。

现。除了像罗杰·培根等人热切希望认知上帝的法则之外,另有不可尽数的人渴望通过制造财富(炼金术——寻求金子)而获得权力,或渴望预知未来(占星术和占卜)。对于他们,玻璃是一个利器,曲颈甑、镜子和透镜便在这乌七八糟的无名领域发展起来,其中最后一批大巫师就有牛顿赫然在内。譬如通过乔达诺·布鲁诺①和赫耳墨斯神智学②、玫瑰十字会会员③、德拉波尔塔④和约翰·迪⑤的研究工作,人们普遍了解到 14 世纪初至 16 世纪末镜子曾广泛应用于巫术。这个领域的研究说明,科学和巫术之间的古老对立正在被反思。

　　但是,如果我们试一试,在意念中将玻璃驱除出伊斯兰文明和中世纪基督教文明,就不难发现可信知识很可能停滞不前。任何儿童都会告诉你,一本动人的科学书是不够的,即使它陈述了一切可能的相关知识和理论。我们惟有装备起一个果酱瓶、一个放大镜,或者试管和显微镜,才能开启迷人的大自然堂奥的门禁。不言而喻,玻璃凭其自身也是不够的。如果没有古典文明和亚洲文明

---

　　①　Giordano Bruno(1548—1600),意大利天文学家、思想家、唯物主义哲学家。

　　②　一种据说源自埃及智慧之神 Thoth(希腊名为赫耳墨斯·特利斯墨吉斯忒斯)的神秘主义哲学和神学。

　　③　17—18 世纪的神秘会社,自称有古传秘术。

　　④　Della Porta(1535—1615),意大利物理学家。

　　⑤　John Dee(1537—1608),英国数学家。

引起的求知欲和新知识大爆发，全世界所有的玻璃加起来也不会对思想产生太大影响。求知欲和工具相结合才发生了作用。当然，人们也经常指向许多别的因素：经由陆路对亚洲的深入开发，竞争和战争的需要，国际性都市的成长，财富的增加，西方大学的发达，等等。但是玻璃，在我们看来，乃是我们称之为科学的那种实验法赖以发展的一个先决条件。

科学的要素是可验证性、可重复性和对反驳的开放性。以往许多思想体系的纯思辨是经不起这些检验的。柏拉图、孔子或佛建立的体系是自在一致、自在连贯和自我封闭的，它们不可能从内部自我质疑，不可能用"证据"摧毁，随机观察者不可能检验其成分，逻辑性实验也无法二度进行。以实验去"检验"它们，其意义正好比去"检验"蒙娜丽莎、夏特尔大教堂、亨德尔的《弥赛亚》或莎士比亚的《哈姆雷特》。它们是不可校验的陈述。然而现代科学依存于自然法则的公式化，这是在可被他人重复的实验基础上完成的。

玻璃把权威从话语，从所听、所想、所写，转移到外在的视觉证据。前人的权威受到了挑战；检验方法是个人的眼睛、是怀疑好问的个人的权威。演示事物发生过程的实证方法显然上升到了首位,人必须以眼睛提供的证据检验现成知识的一点一滴。他人从具有潜在可重复性的实验中看到的东西,比权威所断言的东西(话语)更为重要。

因而可以说玻璃帮助权威的天平从心灵移向了眼睛。西方的令人频繁瞩目的经验主义和实证主义信奉眼见为实、证明至上,这两种主义成为辨识新型宇宙论的特征。每当眼睛的观察技术前进一步,实验法就增加一分权威。它证实了一种观念,即上帝创造的是一个神秘难解的世界,不过这个世界蕴含着一些线索,导向某些通则或共同规律,而这些却是可认知的,而且一旦确认,就可以用作其它发现的基础。心灵没有固定的和已知的模式,惟有上帝激扬的求知欲,而包括玻璃和数学在内的新工具则向求知欲提供数据。人们不再倚仗意念的实验,而放眼看向大自然,从每一个角度、从微观和宏观的层次、侧面地和颠倒地、用镜子、透镜和棱镜、在热和冷的不同条件下、用玻璃器皿里的种种混合物,来拷问大自然,看它到底是什么做成的。

文本的权威和既定知识的权威,转移为每一个观察者的眼睛和感知的权威,是故事中最引人入胜的一个现象。我们完全可以问一问,在权力移交给实验者或作者及其视觉的过程中,玻璃扮演的是何种角色。许多学者讨论过亚里士多德哲学的最终扬弃。一个呼之欲出的答案是：最终推翻它的，是一种以玻璃为坚实基础的新知识结成的硕果。现代科学要想诞生，推翻希腊古典科学是一个先决条件。如果提出，没有玻璃赋予人们的信心，这项荜路蓝缕的任务就不可能完成，也不是不足为信的说法。证据就包含于亚里士多德学派与他们指责为谎言、欺骗和伪知识的玻璃创造的科学之间的论战。

　　可资研究的还有一个伟大转变，其中个人及其视觉的权威获得了自信和确认。许多人将其命名为文艺复兴，因为西方可信知识的下一次大爆炸并非发生在大学和哲学范畴，或曰科学范畴，而发生在艺术和工程范畴，特别是建筑、油画和素描。我们不妨联系文艺复兴的两个主要特点，看一看玻璃的影响。一个特点在于对自然世界的认知和表现，另一个在于变化的个人观。

第四章　玻璃与文艺复兴

> 眼睛是天文学的指挥官，它编纂了宇宙志，它指导和矫正人类的一切艺术，它指引人类走向现世的各种疆域，它是数学的王子，它的学科是确切无疑的，它测量了星星的高度和体积，它揭示了元素及其分布的奥秘，它藉着星星的轨迹预言了未来，它养育了建筑学、透视的和神圣的绘画。噢，上帝创造的万物中最奇妙的东西啊！
>
> 列奥纳多·达·芬奇:《绘画论》

人类不是照相机，他们并非理所当然地看见世界的原样，而是看见自己期望的模样。他们边看边眨眼，仿佛是在挑拣他们能够理解的桩桩件件。晚近的认知心理学研究已经证实的这个观点，认为我们不是直接看见世界，而是下意识地歪曲世界，更确切地说，是重新诠释世界。光涌进了眼睛，但是还得从这批杂乱而了无意义的光与形中创造出我们所看见的景象。例如，形象总是上下颠倒地撞上我们的视网膜，我们需要而且业已学会把它再颠倒过来。我们对镜子又耍了一次花招，镜子才合情合理。这种强迫知觉非常强大，且不受我们控制，因而它实际上把世界变成了我们期望看见的形象。我们恰如关在捕蝇瓶里的维特根斯坦的著名苍蝇①。我们的系统出了偏差，光还没来得及进入我们的眼睛，我们就忙不迭地破译世界了。

　　当我们着手向他人表现我们眼中的景观时，这套强迫知觉又被另一层强迫知觉所加固。其后果，只要看一看上至公元 1250 年左右任何一种卓越的美术传统，便清晰可见。纵览南美（阿兹特克/印加②）美术，它采用的是传统象征笔法，是符号式的，二维的，没有透视。它的血缘更近于漫画或某种形式的书法，与西方现代现实主义绘画相去甚远。在非欧亚大陆美术传统的澳大拉西亚③、撒哈拉以南非洲，情况亦如此。如果我们试图设想这和它们的前文明时期（即前文字时期）的环境有关，则只需看看欧亚大陆自身的那些文明，马上便会打消这念头。美索不达米亚和埃及这两个早期文明在发明文字之后，

①　Wittgenstein(1889—1951)，生于奥地利的英国哲学家、数理逻辑学家，著有《逻辑哲学论》等。他在剑桥任教时期摈弃了早年关于完美语言的观点，而认为语言已沦为思维桎梏。我们用现成语言思考，就像玻璃瓶里的苍蝇，四处碰撞，却没有想到应该往上飞。

②　阿兹特克，墨西哥印第安人；印加，南美印第安人的一个部落。

③　一般指澳大利亚、新西兰及附近南太平洋诸岛，有时也泛指大洋洲和太平洋岛屿。

美术形式照样是平淡刻板的平图。希腊艺术达到了极高水平,尤其在雕塑方面,但绘画却和现代西方美术的本质风马牛不相及。大部分罗马美术虽然表现了一定的景深,但仍然缺乏 14 世纪之后欧洲发明的名副其实的透视画法。

非西方的各种美术传统,因为不曾像希腊、罗马或中东一些古代帝国一样衰亡,所以它们的发展状况特别能说明问题。我们不妨观察从大约 5 世纪罗马帝国崩溃到 18 世纪这段关键时期的发展。在拜占庭①,圣像式非现实主义美术使用着传统的象征符号,直到 1453 年君士坦丁堡沦亡之前基本上一成不变。在俄罗斯,同样的情况延续到 18 世纪。在很快就被伊斯兰教主宰的阿拉伯各社会,美术表现方法也没有根本变化的迹象。17 世纪印度阿克巴②和沙贾汗③宫廷的莫卧儿④美术,对自然世界作出了第一流的摹画。那些画作虽然细节栩栩如生,大体上仍旧像是刻板的平图,没有阴影,缺乏精确的透视和画面空间。

中国和日本的美术同样引人深思。它非常精美,笔

---

①   古罗马帝国城市,后曾称君士坦丁堡,今称伊斯坦布尔。

②   Akbar(1542—1605),印度莫卧儿帝国皇帝。

③   Shah Jehan(1592—1666),印度莫卧儿帝国皇帝。

④   莫卧儿帝国(1526—1857),由帖木儿后裔 Babur 创建于印度半岛北部的伊斯兰教国家。

法往往非常细腻,但是与后文艺复兴时期的西欧美术比较起来,它的实质与前面已经检讨的美术传统一般无二。它几乎永远缺乏透视景深,也缺乏现实主义,背景多是印象主义的。它显得高度程式化,在局外人眼中,就好像是用某种编码在作画,利用形象表达隐喻,观者可以解读为别有所指。绘画看上去往往像是记忆工具,提醒观者某种激情,而不是在系统地探索自然世界。这一美术传统与我们已经讨论的其它地域的传统既迥异又重叠,它至少在 18 世纪及更晚时期之前一直延续着,只作过一些无关紧要的修正。

因此我们发现,大约公元 1250 年以前,各文明通过视觉描绘和探索世界的方式具有一种特殊的性质。它们全部倾向于用画幅构造自然世界的变形词①。绘画几乎像是一种书面文字,其表现力派生于象征符号的主观专断。被表现者(自然世界)和表现者(美术作品)之间往往存在阔大鸿沟。月亮、嫩枝、叶片在中国或日本绘画中之意味深长,一如在诗歌中。画幅仿佛视觉的诗歌,根据古代确立的规则而编撰出来,将画家引向自己的内心世界,而远离外在世界。这些画幅关联的是符号类比,以及一种宇宙论,认为内在和外在的本质与形式密不可分。

---

① 将一个单词的字母位置变换而组成新词,例如 orchestra 变成 carthorse。

可能在很大程度上这是出于深思熟虑,正如拼音文字一样,画家发现,象征符号越因循化、受众获得的知识越多,他们就越能大力激发受众情感。但是除此之外,似乎还有一些其它压力,如果考虑一下我们的基本问题何在,这一点也就清晰可见。

检视那些古老文明中的绘画史,我们发现情况并非如前文假设的那么简单。首先,有证据说明希腊—罗马美术在多种画作中发挥过相当不错的透视画法,只是接下来的一千年间它又遗失了。第二,印度 5 世纪阿旃塔窟内的一些古老画作也是相当现实主义画法的一个证据。第三则有中国例证,譬如 11 世纪的一批名画,包括"上河"的船只[①],表明对透视技法的一些规则有所掌握,但是在以后数百年间这种技法大部分失传了。第四,还有意大利 14 世纪初期乔托[②]的例证,他的绘画思想将近一百年几无发展,直到 15 世纪才被重新发现并有所升华。

考虑到这些例证,我们难免要更加深入地思考人类视力的本质。我们知道,人类由于双眼并用,所以看见的世界是透视形象。我们也知道,事物愈遥远,显得愈小,

---

①　指张择端的著名《清明上河图》。

②　Giotto(1267—1337),意大利文艺复兴初期威尼斯画派伟大画家、雕塑家和建筑师。被认为突破了中世纪美术传统。作品有教堂壁画《圣方济各》等。

图5 清明上河图局部

　　长卷局部,丝绢水墨淡彩,北京故宫博物院藏。这一著名的沿河写生说明,12世纪以前北宋画家已经掌握了写实画法、明暗法和透视缩短法;然而后来中国又摈弃了这些技法,认为过分写实,文人画家不宜。

并朝着一个尽头逐渐消失,等等。孩童凭直觉就知道这一切,假若忘掉这一切,智人就无法存活多久。听凭我们自身的工具,我们也能以相当合理的透视去涂画世界,孩子们有时就是这样作画的,乔托也是如此画出他的著名牧童的。

　　因而我们必须切中问题的要害。透视的和现实主义的绘画是自然常态,但是社会的文化习俗往往教导画家和其他人说,受众想要的美术作品不是这样。画家仿佛是被系统地教会了歪曲自己看见的世界,他们愿意中规中矩地绘画,使画作迎合一种符号体系,传达比散文般的视觉世界更深邃的含义。倘若美术仅仅复制眼睛看到的东西,美术又有什么意义?从这个角度看问题,我们不禁深思,究竟设置了哪些文化压力,阻碍大部分美术传统努力发展现实主义的、透视技法主导的绘画?接着我们不禁要询问,是什么如此强大,在某一文明中驱散了这些压力,让一种现实主义美术形式在短期内(西欧 15—19 世纪)成为主流?又是什么,将 11 世纪中国早期画家或乔托那类非常孤立的透视和现实主义表现手法变成了一个波澜壮阔的运动,从此彻底改造了人类的视觉和现实?

　　肯定需要一种可观的震撼力,去推动一个文明,使之
57　远离貌似常识的东西和不言而喻的世界视像,也远离那独一无二、非此不可的表现手法。公元 1250 年以前没有

任何文明能够突破捕蝇瓶,世界上最老练、最艺术的文明如伊斯兰国家、中国和日本,也几乎从不曾自其内部有所突破,这说明了传统的顽固。那么,什么力量可能强大到足以打碎那玻璃囚笼;或者至少,什么东西可能让苍蝇了解自己视觉上的无形强迫意识,从而获得自由,能够作出某种人工的补偿?

显而易见,我们的第一桩任务是要说明,导致人们准确感知和表现自然世界的革命性变化确曾发生,并说明变化是在何时何地发生的。这一变革人们耳熟能详,因为它是历史上最著名的插曲。纵览 11、12 世纪的西欧美术,它和上述别的美术传统本质上并无二致。它是偶像式的,主要是宗教偶像式的,带有强烈的象征主义气息,是以某种编码绘制的程式化平图。虽然其内容有别于伊斯兰或中国美术,但是目的却相似:旨在提示人们联想其它事物,呈示一系列彼此相关的象征符号,探寻内心情愫而忽视物质世界。它和任何别的美术传统一样,远离自然主义,远离照相机般表现世界的手法。也没有丝毫显著迹象,表明不同的事情即将发生。但是接着,在公元 1300—1500 年大约两百年内,人类视觉和表现方式爆发了一场革命,我们给它贴上了"文艺复兴"的标签,它促使世界的一部分离经叛道,步向新的轨迹。

主要发生于绘画和建筑领域,尤其强调画面空间和 58

透视的这场革命,是当今汗牛充栋的书籍的主题。许多学者认为是乔托引发了最初的改革,使美术得以从贡布里希①所命名的"绘画文字"转向有一定景深的绘画,因为乔托"重新发现了在平面上创造景深幻觉的美术"。这固然是一次飞跃,但只是古希腊—罗马美术与大约公元1400—1500 年间兀然出现的崭新的现实主义之间的一个过渡阶段。文艺复兴这场革命引进了透视诸规则,连带着一大批新技法。大约公元 1400 年后欧洲南部和西北部同时创造的那些美术和建筑作品,从南方的阿尔贝蒂②、布鲁内莱斯基③、马萨乔④以及后来的列奥纳多⑤,到北方的凡·艾克⑥、罗吉耶·凡德·韦登⑦以及彼得·勃鲁盖尔⑧,对我们不啻一个视觉冲击。世界仿佛被突然发

①　Gombrich,见本书"参考书目"。

②　Alberti(1404—1472),意大利艺术家、文艺理论家、建筑师,著有《绘画论》等。

③　Brunelleschi(1377—1446),意大利文艺复兴初期建筑师,代表作有圣洛伦佐加糖和佛罗伦萨圣玛丽亚教堂。

④　Masaccio(1401—1428),意大利文艺复兴时期佛罗伦萨画家,代表作有《逐出乐园》等。

⑤　指文艺复兴巨匠列奥纳多·达·芬奇(1452—1519)。

⑥　Van Eyck,这里指 Jan Van Eyck(1390—1441),尼德兰画家,与其兄Hubert 合作的根特祭坛组画是欧洲油画史上第一件重要作品。

⑦　Rogier van der Weyden(1399? —1464),佛兰德斯画家,作品有《耶稣下十字架》等。

⑧　Pieter Brueghel(1525? —1569),佛兰德斯画家,作品有《农民的婚礼》等。

现了,一层面纱被揭去了。人类对于自己置身在内的世界,有了清晰的、注重细节的、镜子一般精确的认识。画幅提供的可信信息量激增。绘画的主要目的不再是提示或象征,它们打开了通向新世界的奇谲窗扉,恰若通过高倍透镜看世界一样。世界在画幅中往往比现实中显得更为富丽明亮,犹如用放大镜看来的。

这番革命性的变化为什么、又是怎么样惟独发生于从意大利到尼德兰的这一个文明,仅仅在这里,画家才第一次精确地看见和表现了人类周遭的物理世界呢?我们对于人类历史上一场最伟大的变革似乎缺乏站得住脚的解释,于是我们免不了再度感到惊奇。19世纪后半叶以来,研究文艺复兴时期美术与文化的众多评论家论述了这场革命,描述了它在透视感和空间概念上的本质性变化,以及它对大自然的精确描绘,但是他们不认为古典知识复兴是它的主要的灵感之源。因此他们留下的,是重复叙述发生了什么,却没有解释为什么发生。文艺复兴的起源无疑是十分复杂的问题,很可能存在许多条因果链,本章的任务是研讨其中一个可能的、但经常被忽略的原因。这个原因就是玻璃的作用,是玻璃为视觉重组提供了震撼力和技术支持。

❧　　　❧

人们确实知道透视，未发蒙的儿童也能够用透视画法相当写实地表现世界；但仅仅如此，尚嫌不足。把这类知识和初级能力转变为雄辩的表达，给他人造成真实空间和真实形象的幻觉，仍是困难的。要想更上层楼，尚需自觉地将不明确变得更明确。难则难矣，人们并非不可能为自己想出解决办法，乔托等人就是范例。然而，要把这些成就转变为一场改变世界的运动，像文艺复兴那样，必须增加一些因素。

其中之一，是需要一群宁愿"受骗"的受众，将事实上二维的画面想象成好像是三维的。这里存在着一种巨大差别。众所周知，柏拉图就觉得现实主义的、幻觉般的美术是欺骗，应该封杀，世上大多数文明与柏拉图观点如出一辙，即便是为着别的原因。在中国人（以及日本人）看来，美术的目的并非模仿或描摹外部自然界，而是暗示激情，所以他们积极遏制过分的现实主义，认为它纯粹重复反正看得见的东西，而没有增加任何价值。扬·凡·艾克或列奥纳多的画作会受到讥笑，被认作粗鄙地模拟自然。

在伊斯兰传统中，有些地区禁止用现实主义美术技法表现超过花草树木以外的东西，认为那是亵渎地模仿造物主的杰作。人类不可创造雕像以及任何形象，否则就是僭越上帝的权力。在这里,凡·艾克或列奥纳多也会招致仇恨,连镜子都可能成为厌憎的对象,因为它们创造了生命的复制品。所以,在思考西方那场非凡的运动时,永远需要牢记更广泛的文化背景,也就是,我们需要考虑受众,考虑一般人对于美术作品之功能及其局限性的见解。

第二个因素,是透视画法赞助人和顾客本身如何在日常生活中看待世界。在现实中看见一个真正三维的外部世界是一回事,"读"一幅表现这种世界的二维画作,还要哄骗心灵,使之深信不疑,觉得自己看见了一瓣现实世界,又是另一回事。美术史家一贯强调,受众需要被教会如何解读现实主义(或任何其它)形式的美术作品。此外受众还必须心甘情愿被画家欺骗。透视的美术要蔓延开来,有两个要求必须几乎同时达到:画家必须教育和塑造受众,使其读懂他的作品;同时,画家的作品必须蕴含与受众视觉相符的足够内容,以便受众一眼就被他的作品所吸引。

现在,我们可能正在接近一个玻璃技术开始产生效应的领域。人类或在改良了的镜子里、或透过窗框、或年老了借助眼镜,扩充了自己看自然世界的视觉经验;可想而知,这必定倾斜了天平,以至于改变了他们的世界观。购买和展览新型美术作品的关键群体——布尔乔亚艺赞助人,而今发现它们意义丰富、美丽迷人。他们的视觉经验使他们觉得自己更像是照相机,同时他们非常崇敬那些替他们把世界捕捉到一片玻璃上的画家。画架上面以及后来墙壁上面的方块画布,好似一扇可移动的窗户,开向一个想象的世界,这是一扇魔幻的窗扉,它把观者带到化外,进入任何一种想象出来的空间。这也是电视屏幕的先导。

　　第三个因素,与美术的魅惑技术、或如其他人所称的致幻技术的发展有关。这里包含几层内容。一层内容关系到现实主义美术的可复制性,也就是,某个并非乔托那样天才的人能否很容易地欺骗他人的眼睛,使之相信在一个二维的表面上看见了三维的世界?另一层内容,是需要一套明晰的方法论,用以探索现实主义的某些更困难领域,并用以制定规则,保障知识成果不会丧失。即使从 11 世纪的中国画或印度绘画,发展到凡·艾克或列奥纳多的作品,也是长路漫漫的。

　　首先讨论可复制性或可增殖性问题。阿尔贝蒂、列奥纳多和丢勒[①]等人充分认识到,新现实主义美术若要繁荣昌盛,只有用一系列手册将它的诸原理阐述清楚,让各种技法从天才传播到中常人才。并非人人都是乔托或

---

　　① Dürer(1471—1528),德国画家、版画家和理论家,将文艺复兴精神与哥特式美术技法相结合,主要作品有油画《四圣图》等。

凡·艾克，所以人们有必要详细了解应该如何看大自然，如何将所见景象迁移到纸张或画布上，如何骗得观画者的眼睛看见同样的东西。我们从手册上发现，人们需要学习的规则主要是数学规则，涉及光的各种特性和眼睛的性质。画家必须学习基础几何学课程和光学课程。这些规则从何而来？手册的作者们公开承认它们来源于希腊，经由阿拉伯学者传承，然后中世纪科学家诸如佩尚、格罗斯泰斯特、培根和维特罗把它们变得实用。这些后世的手册作者在多大程度上认识到透镜和镜子等形式的玻璃曾经是先哲们的重要工具，已不得而知，但是无疑，假若不存在借助玻璃而发展出来的哲理，此刻他们就没有一整套规则可循。

美术魅惑技术的另一层内容是精炼各种工具，以便更加完满地探索现实。这一点，在阿尔贝蒂和列奥纳多的作品中最为彰显。他们同样利用早期几何学和光学知识为基础，制定了以全新手法创造绘画和建筑作品的策略。虽然乔托以及罗马、印度和中国的某些画家凭藉手工艺技法也取得过骄人成就，但是必须更加认真地思考光和空间的特性，才能达到文艺复兴时代美术巨擘们的非凡的现实主义和精确性。这里需要高等几何学，需要了解眼睛的工作原理，而这些又依赖于中世纪欧洲由玻璃推助的几何学和光学繁荣。舍此则难以理解文艺复兴的发生。

　　第四方面的因素在于画家可以使用的工具。凡·艾克推动了油画颜料的发展，从而保障了肌理和色彩的景深感和丰富性，但是我们想提出，玻璃工具的发展也同等重要，只是不大为人注意。玻璃工具的重要性主要以两种方式体现出来。首先是给眼睛提供刺激、矫正或延伸，其工具多为镜子。许多学者曾指出，我们对周围的世界往往习焉不察。而镜子把世界反转过来，把它掷入新的光照之下，以奇特的方式使它变得更扎眼。借助镜子，人们——尤其画家——以不同的眼光看到了世界。

　　15世纪，费拉雷特①曾写到同一时代布鲁内莱斯基发现的透视法："假如你渴望用别一种更简单的方法描绘某样东西，取一面镜子来，举在你想描绘的东西前面。往镜子里看，你会更容易看见那样东西的轮廓，不论远景近物，在你眼中都会发生透视缩短。确实，我认为布鲁内莱斯基就是这样发现透视法的，此法在别的时代不曾采用。"塞缪尔·埃杰顿②所著《文艺复兴时期直线透视的再发现》一书，采用的主题就是：镜子乃文艺复兴透视之母。他仔细追踪了多种思想系列，从希腊和阿拉伯的哲学，到中世纪的光学、几何学和制图学，百川汇一，最后它们注

---

①　Filarete(1400—1469)，意大利雕刻家。
②　Samuel Edgerton，见本书"参考书目"。

定要导致 1425 年佛罗伦萨大教堂广场那一时刻的来临——布鲁内莱斯基此刻作出了透视法的重大发现。镜子在以往好几百年里都是画家工作室的作画标准,例如乔托就曾经"在镜子帮助下"作画。但是布鲁内莱斯基的卓越突破才是最后关头。如果没有埃杰顿估计的十二时见方的平面镜子,据埃杰顿认为,最近这一千年用美术手段表现自然的最重大变革就不可能发生。

列奥纳多称镜子为"画家的老师",他写道:"看到物体在镜中显现得凹凸有致、栩栩如生,而自己的画作却多么缺乏这种力量,画家常因模仿自然乏术而绝望。"在凡·艾克的《阿尔诺芬尼的婚礼》和委拉斯凯兹①的《侍女》这两幅绘画杰作中,镜子都是核心工具,这绝非出于偶然。镜子是一个可以用来歪曲变形的工具,故而可将世界变成玄想的对象。镜子又是一个可以完善美术作品的工具,得到过列奥纳多的推重。"倘若你想知道整个画幅是否符合你临摹的自然对象,取一面镜子来,让实物反映到镜子里;再将反映出的影像和你的画对比,仔细推敲实物的这两个肖像是否一致,特别推敲镜中影像。"他进一步发挥道:"你当尊镜子为师,即平面镜子;因为镜面上映照的东西和一幅画不无相像之处。也就是说,在平面

① Velazquez(1599—1660),西班牙画家,西班牙国王腓力四世的宫廷画师,代表作有《腓力四世画像》等。

图 6 丢勒的绘画工具

在透明玻璃板上用炭笔或油彩勾勒绘画对象和背景,勾勒好的轮廓草图再用来填充颜料成画。图中显示,画家的眼睛必须从固定位置同时看玻璃和绘画对象,并使用一个有小孔的可调工具,便能做到这一点。

上绘出的一幅画,画中物看上去仿佛是立体的,平面镜子也有同样功效。"绘画的目的,是让画作看上去"仿佛一面大镜子中看到的自然景物"。最后,镜子赋予画家第三只眼睛,好像是长在一根手柄上的眼睛,画家可以藉此看见自己。没有镜子,就画不出以伦勃朗系列自画像为极品的那些自画像杰作。

镜子或许还以其它一些方式增加了人类视力的活动强度。看是一个动力过程。如果我们长时间直接凝视一样东西,我们就不再看见它;只有变换视角,扫视那个物体,我们才能持续看见它。镜子帮我们看得更清楚,因为不论握在手中,还是随着观镜人而移动位置,它都增加了投射到眼睛上的运动总量。此外,镜子时常在光线晦暗的房间里反射光辉灿烂的外部世界,眼睛补偿了黑暗的环境后,在镜子中格外锐利地看见了世界,正如放在黑房子里的电视机效果比较强烈一样。

玻璃的另一个重要性在于它是一种框制和固定现实世界的工具。这方面窗玻璃板比镜子更重要。画幅是开向另一个现实的"窗户",这里窗户不仅是隐喻而已。质地良好的窗玻璃从 14 世纪开始传播开来之后,从奇妙的窗扉探望三维的空间逐渐成为欧洲人的日常活动。在中国或日本这种使用油纸或桑纸的文明中,闲坐一旁,透过一方画幅大小的、含着一帧风景的小小孔隙悠然而望,是难以滋长的念头。要么把墙壁彻底拆除，比方采用 *shoji* [①]或窗格，人实质上已经置身户外；要么呆在室内面壁，听任一道白幕阻隔人和外部世界。然而对于更富裕的欧洲人而言，房屋变成了照相机镜头或西洋镜，人坐在柔和的光线中观赏室外绚烂多彩的世界。有时人们从窗外探望亮堂堂的室内，像荷兰内景画所表现的。关于玻璃窗的影响，卡拉·戈特利布[②]的著作《窗户与艺术》以优美的文字进行了探索，而不论其影响如何，玻璃窗与文艺复兴似乎有深切的关系。

　　窗户似的玻璃板还产生了另一个效应。人们常说 15 世纪透视画法的重要发展是一个史无前例的巨大进步，其实正是在人们开始把绘画看作一块切断视线的玻璃板之后，才有了这个进展。一种透明物将视锥拦腰截断，把视像阻隔成里外两半，列奥纳多对此现象作过著名描述，简述为："透视恰若从一块玻璃板后面看某景某物，玻璃板完全透明，需要在其表面画出它背后存在的景物。这些景物可以看作一些锥形，其尖端到达眼睛，但是这些锥形又被玻璃板中途横断。"他的这一见解非常重要，值得引录其较长论述如下：

---

① 日文音译：障子，日本房屋用的纸糊木框。
② Carla Gottlieb，见本书"参考书目"。

　　他们应该懂得,当他们往一个平面上涂抹线条,又将画好的部分填充颜料的时候,他们惟一的目标是表达这一个平面呈现的景物,而非其它多种平面。正在涂色的这个平面仿佛是透明的,像玻璃一样,锥形视像从一定距离之外穿透它,焦点光线和光也有一定位置,均定位于附近空间的恰当点上……其结果,画面的观者似乎是在观看锥形的某一特定截面。因此,一幅画将是视锥某一特定距离的截面,焦点固定,光线定位具体,再通过线条和颜色而艺术地表现在一个特定平面上。

这不仅是透视画法的定义而已,而且是一项实际技术。使用一个玻璃板,就能计算出正确透视所需的精确数字和角度。阿尔贝蒂、列奥纳多和其他画家正是这样做的。其次,假如这项新技术付诸实践还需要什么帮助,那么,其实可以干脆在玻璃上涂色或素描,以后再通过精确的测量,把画出来的东西迁移到纸张上。有时候人们使用阿尔贝蒂的著名发明——"幕膜"(线做的),不过明确表示,它其实是一种未安装玻璃的窗子。列奥纳多曾多次推荐将玻璃板实际运用起来,例如:

　　取一块相当于半张王裁①对开纸大小的玻璃板，在你眼前固定好……接着给你自己定位，让眼睛与玻璃保持三分之二 *braccio*②[一臂之长]的距离，用器具固定你的头部，使之完全不能动弹。然后闭上或者蒙住一只眼睛，用毛笔或一支磨细的红色粉笔把你在玻璃背后看见的东西勾勒到玻璃上面。再从玻璃上把它拓到纸上……如果喜欢它，就作画吧，同时好好利用空间透视。

　由此可见窗玻璃板必不可少，它既解决了透视画法里的难题，又帮助资质较低的同胞们画出确实不错的透视作品。人们不禁再次怀疑：如果窗户用厚实的白纸蒙上，那么透视画法何去何从呢？

　可以认为，虽然我们透视地看见世界，但是仅靠看物体，是很难把所见景象表达出来的。正如人们不能直接看太阳，而只能看太阳的反射，同样具有讽刺意味的是，人们只好通过玻璃这种人造媒介，方才看见世界的真面目，就像艾丽丝穿过镜子后发现的那样③。如果这种立论正确，那么在人们看见和表现世界的时候，玻璃就确实廓清了我们的视野，向我们显现了世界的真相，其重要作

---

①　主要用于英国的一种纸张规格。
②　意大利文：半庹。
③　见英国作家路易斯·卡洛尔 1871 年出版的《艾丽丝镜中游》。

用,并不逊于它在别的那些靠着镜子、棱镜、透镜以及后来的望远镜和显微镜廓清视野的学科中之重要作用。

在所有这些情况下,人类的眼睛不仅视力有限,且被大脑的诠释弄得更加昏乱,因而看不清事物。眼睛看不见光的成分,也看不见光如何折射;眼睛看不见小于一定体积或远于一定距离的物体,哪怕眼前就是它们的存在。深层分析一下,眼睛倒是透过一副眼镜把世界看得黑暗神秘,因为眼睛本身就是一个镜片,自有其歪曲事物的透镜和诠释事物的框架。全人类似乎具有某种系统化的歪曲功能,近视即一例,所以人类无法精确而清晰地看见自然世界,更无法精确而清晰地表现它。人类通常本能地将自然看作一系列符号,而看不见不受心灵左右的自然"真"相。玻璃反讽性地摘下了人类视力的"墨镜",补偿了人类心灵的扭曲,而迎入新的光照。

不论画家是多么才禀卓异,如果他只是且看且画,其结局总不免边看边画出一些象征符号来,就像乔托之前的几乎所有画家一样。但是,如果一位画家被迫忠实于自然,精确地描画、临摹、"拍摄"一块玻璃板上呈现的景物,或者描画镜子已经画好的现成画幅,换言之,如果他是复制甚于作画,那么就会出现奇迹,画幅将比大自然自己的画作还要精确。一旦画成,人们就能够理解为什么正应该如此。人们也就能够确立一些人为的规则,它们 70

将骗得别人的眼睛误认为二维平面上描绘的东西是大自然的三维镜像或照片。

假若高精玻璃技术与现实主义新美术之间的关系成立,再发现 15 世纪傲立在新视野前沿的是意大利,也就不足为怪了。当时威尼斯的玻璃工业是世界的荣耀,那些勾心斗角的小宫廷又竞相把财富投入夸耀性消费。人们只需再加上一点运气和机遇即可。譬如布鲁内莱斯基偶然发现了镜子的妙用,其初衷是为着另一个目的,即观察一座新建筑 *in situ*[①] 样貌如何。德国、法国和尼德兰的财富与威尼斯旗鼓相当,加上玻璃工业高度发展,于是新视野又有了别的家园。

很久以前,史学家布克哈特[②]提出,文艺复兴的一个主要特征是全新的个人观,它是西方独有的,也是大约 14 世纪之后的时代独有的。许多学者质疑这个计时,认为早在 13 世纪甚或 12 世纪,个人观就已经提高了。尽管众说纷纭,但是人们普遍同意:重视个人的倾向日益加强,并在 15 世纪以后达到顶峰。似乎无可争议的是,巨

---

① 拉丁文:在原地,就地。

② Burckhardt(1818—1897),瑞士历史学家,主要著作有《文艺复兴时期的意大利文化》等。

大的变化确曾发生。而且它是一个西欧发轫的现象，晚近的人类学家业已确证这一点。那么这会不会也同玻璃有关呢？

如果以为是单一原因促成个人观的变化，那当然是荒谬的，况且，从集体转移到个人的重新定位原因何在，人们提出了多种解释，其说服力都是显而易见的。最重要的一个解释是宗教因素。一般认为，是犹太—基督教体系的个体灵魂假说强化了个人主义，也有人认为罪恶观和个人责任观是个人主义滋长的关键。

宗教的相关作用可能表现在多方面，包括：从压迫中诞生、以基督的个人主义训育——例如追随他并与家庭决裂——为基础的一种宗教，强调实行选择权和自由意志。选择权和个人主义的关系是不言而喻的。崇尚个人主义的西方人是自主选择者，可以决定做什么事、拥有什么、做什么人、相信什么。宗教的相关作用还包括：天主教会发明了一种消解罪恶的活动，即一种内省形式，叫作忏悔，由此个人得以检讨自己，并对个人人格变得富于反思。然而，尽管宗教好像是一个必要条件，但是在不同的时间和空间，整个基督教世界的表现却又不尽一致。例如东正教就远非崇尚个人主义的。于是学者们又指向其它一些因素。

有些学者提出，古典思想的复苏是催化剂。另一些学者认为，是市场经济、特别是货币交易的成长，将个人从较大的集体中剥离出来。他们主张，货币、个人主义和市场经济道德三者关系密切。但是，即使再加上其它一些因素，例如共和政体的发展以及意大利和尼德兰的中产阶级的日趋成熟，我们仍旧无法全面解释人类历史上的这个最大变革。部分原因是上述解释均未深入到变革发生的心理领域。似乎还需要某种额外因素才行，虽然单凭这一因素不足以全面解释变革，它却是一个不可或缺的变革催化剂。

已有一些史学家认为，这个因素就是精细玻璃镜的发展。适逢变革发生的天时地利，它开始增生扩散，故而可能供给了一个决定性因素，让人们以全新的目光看见了自己。有些学者追溯了文艺复兴时期自传写作的兴起，并提出这种"自我发现"和镜子有关。也有学者指出，丢勒等文艺复兴时期的画家在作画时，利用镜子探索了人的灵魂。刘易斯·芒福德[1]雄辩地提出了这一主张，他征引了伦勃朗那些自我审视的画像，认为是以美术形式自省的登峰造极之作。

这种因果联系的计时是恰当的，因为优质镜子的发展，与13—16世纪新生的个人主义的发展几乎完全同

---

[1] Lewis Mumford，见本书"参考书目"。

步。地理定位也是恰当的,因为寓于绘画和其他艺术形式的文艺复兴个人主义,其震中是意大利和尼德兰,它们正是制造和使用镜子的最发达地区。心理学的联系也是经得起推敲的,因为时人把自己从芸芸众生中分离出来,得以更加仔细地审视自己,于是时人以新的眼光发现了自我。在若干大画家身上就可以看出自我审视的运作过程。但是,疑问也与所有这些假定的联系并存。大多数文化都有某种形式的镜子,所以我们希望进一步了解镜子的不同用法、金属镜和玻璃镜的清晰程度,等等。

关于用法问题,首要的显然是去发现历史上人们如何看待镜子。在西方,镜子主要用来照见人,这是个人主义日益增强的原因,也是其结果。在中国和日本,或许还在其它文明中,镜子的使用目的却大相异趣,值得详细研究一个案例,以发现镜子结合文化可能造成何种差异。

日本国内外的一些分析家同意,日本使用镜子的传统方法与西方迥然有别。日本人的眼光穿透镜中影,穿透"观察者自我"。镜子不是虚荣和自我评估的工具,而是沉思默想的工具,如在以镜子为中心物的神道教神社所见。面对镜前那位物理的与社会的人物,个人并不想为了看见他的全面肖像而去凝望镜子,倒想看透那物理之躯,发现最内里的神秘自我。日本人一个劲儿地解释,西方人是如何出于自恋情结加个人主义的双重心态去照镜子的,而日本人又是如何看穿镜子的。如果日本人想看见自身人格的反映,他们是通过社会的镜子找答案,社会反映了其言行对他人的影响。

因此不论材料还是用途都截然不同。历史上镜子在日本是圣物,保存在神社里,而且好像是留作特殊用途的,主要是整饬自己,可是又不挂在普通房间的墙壁上。旅行家桑伯格[①]在18世纪后期记录道:"镜子并不用来装点墙壁,虽然盥洗间普遍使用镜子。"他还注意到,日本人的居室陈设中找不到"照人的镜子"。他说不存在玻璃镜,全都是钢做的镜子。其中一个原因似乎是日本钢匠手艺精湛,可以制作上佳的钢镜。事实上,用钢或青铜制镜,限制了镜子的尺寸,或许还限制了观镜效果。镜子表面趋于凸形,可能也是限制镜照物的量的重要因素,所以镜子基本上限于梳理头发、修拔眉毛、涂黑牙齿[②]之类家常用途。

日本金属镜只能反射大约20%投射其上的光,色彩也很微弱。因此可以认为,由于眼睛非常老练,对视像求全责备,所以欧洲13、14世纪制造的一面上乘镀银玻璃镜与一面不错的金属镜之间,不仅程度有差异,而且族类

---

① Thunberg(1743—1828),瑞典医生和博物学家。18世纪前往日本旅行,将一些日本植物(如槭、苏铁等)带回欧洲。

② 日本古代的美容之道。

根本不同。产品的微妙变化,导致的人生观差异却不可以道里计。

因此我们可以说,大多数文化中的所谓"镜子"鼓励了想象和激发了思想,而并未促使人们深深凝望镜中影像。西方的玻璃镜映照出逼真的世界,尽管它实际上简直是变戏法似的颠倒事物,在平面上表现三维的空间,怂恿眼睛看出前景和背景。

镜子的确非同寻常。如果认为:玻璃镜只在惟一一种文明中发展起来,这发展不仅改变了它的艺术——不乏例证,而且逐渐改变了关于人类究竟是什么的整个观念,那也决非突发奇想。个人主义和高质量的镜子一同成长,此中自有一种"有择亲和力"。但是我们看不出一种必然而充分的简捷因果关系。单凭镜子,无法引起我们称之为"文艺复兴的个人主义"的巨大变革。然而镜子可能是一个必要的成因,没有它,个人从集体的剥离过程就不可能实际发生。

我们看出,玻璃与14—16世纪可信知识的增长和艺术表现手法之间,以三种方式发生了可能的关联。其一,通过中世纪光学和几何学对15世纪建筑家和画家的透视美术发生影响;其二,通过镜子、窗户和玻璃板之类玻

璃产品对美术的魅惑致幻技术发生影响；其三，通过镜子
对个人观及其表达发生影响。

　　我们要提出若干问题，以图估价这些联系的分量，由
此给本章作结。假若光学玻璃（镜子、透镜和窗户）未在
某一文明中普及，一幅合理的透视画作可能完成吗？答
案为：是的，可能，不过需要很高的技巧才像模像样。假
若没有充足的光学玻璃，这种用来表达世界的现实主义
透视画法可能成为某一文明的主流方法吗？只好回答
说：我们不知道有这样的案例，却可以发现一些理由说明
不可能。假若拥有丰裕的玻璃光学设备如镜子、透镜、棱
镜、玻璃板，就必然导致现实主义透视美术吗？答案是：
可能不，不存在必然性。伊斯兰案例就为否定答案提供
了一个理由，尽管他们并不拥有全部玻璃仪器。只要存
在制度化的偶像敬畏，包括敬畏镜中影像，甚至只要美术
担当一种不同角色，现实主义透视美术就绝不可能发展。
西方玻璃技术和西方透视美术输入之后，印度、中国和日
本的传统美术形式一如既往，且长盛不衰。这里导向的
结论就是，许多其它事物和玻璃加在一起，才能影响一种
美术传统。玻璃自身不是一个充分的原因。

　　但是，也许大可以主张玻璃是一个必不可少的原因。
在一个玻璃缺席的文明中，我们难以设想文艺复兴美术
能够实现凡·艾克、列奥纳多、丢勒或伦勃朗那样高超的

现实主义。首先,几何学和光学知识就可能不存在,而正是这两门学科为他们的绘画奠定了基础,对此,他们亲自著书立说,提供了明证。此时的几何学和光学,其存在基础是玻璃影响至深的欧洲中世纪实验和哲学。其次,自凡·艾克和布鲁内莱斯基之后,中世纪知识的提炼改进均频繁诉求于玻璃参与的实验,包括镜子、透镜和平面玻璃板。这样,完善后的可信知识、更佳产品的创新、这些产品回馈后知识的增加,这三个环节构成的常见循环就能往复不已。假定欧洲像中国和日本或者公元1400年之后的伊斯兰世界一样,普遍缺乏玻璃,这一循环就会停顿;一旦停顿,则很难设想那场波澜壮阔的革命即所谓文艺复兴能够发生。所以,虽然玻璃的发展没有直接引起文艺复兴,但是如果没有玻璃的发展,大不相同的情况却会发生。

当然,这一切乃是一个巨大的偶然。优质的镜子、精良的平板玻璃、透镜,它们的设计初衷不是为了将一个文明推离它天生的宇宙观,不是为了鼓励个人主义、鼓励废黜上帝、鼓励摆脱多愁善感性,或鼓励人们更加精确地重新认知“真正的”世界。它们不过像精细瓷器一样,是追求虚荣或舒适的玩具。所以,如果欧洲人掌握了瓷器的奥秘,或者学会了拿桑纸遮蔽窗户,这一切可能全都不会发生。几乎可以断定不会出现列奥纳多,不会出现文艺复兴时期的视觉颠覆,也不会出现伟大的科学革命。玻璃,这折光的、透明的奇特物质,带来了并非有意为之的结果,赋予人们新的眼光去观看,而人们看到的东西彻底改变了世界。

玻璃改变了我们的世界,不仅凭其自身,而且因为在导致 17 世纪伟大的科学革命的链环中,它成为了一个环节。如果说,科学革命的精髓是追求细节之精密、记录之准确,是认知事物的本质和相互关系,是怀抱求知欲、渴望通过"实验"深入探索人与大自然缠绕纠结的联系,那么,文艺复兴恰恰呈现了所有这些成分。最为明显的例证是列奥纳多·达·芬奇本人。若有人询问这种变革是否可使自然观察更加"可信",最好的解答莫过于拿一幅列奥纳多的油画或素描,与一幅莫卧儿细密画①或一幅 15 世纪的日本画进行比较。

78　　　列奥纳多的绘画力图接近大自然潜在法则的真谛,他的画作全是"实验",像牛顿和玻意耳②的实验一样名副其实。列奥纳多的每一幅成功画作,无不推动了解剖学、物理学或光学的进步。列奥纳多试图以本来面目、而

---

① 细密画,波斯艺术的一个门类,一种精细的小型绘画。

② Boyle(1627—1691),英国物理学家、化学家,确立了在恒温下气体体积与压力成反比的"玻意耳定律"。

非以虚貌假象去表现大自然,这种努力反过来又驱使他深入研究一切知识分支,他必须掌握解剖学、地理学、水力学、机械学等等,以便正确绘画。如果科学就是可信知识的扩延,那么在多种意义上,15 世纪绘画和建筑的发展就是不亚于 17 世纪那场更著名的科学革命的一次伟大飞跃。没有 15 世纪的这些发展,便无法想象伽利略、胡克①、玻意耳或牛顿的科学工作。必要的地基已经夯实,不过仅仅在西欧而已。在世界上的其它地方,用玻璃、镜子以及后来的透镜欺骗人类眼睛、使之看得更加清晰的戏法却不曾变出来。

---

①　Hooke(1635—1703),英国物理学家、发明家,发现定名为"胡克定律"的弹性定律,还制成反射望远镜。

第五章　玻璃与后世科学

自然和自然之法则在黑夜中深藏，
上帝曰：要有牛顿！万物皆明亮。

亚历山大·蒲伯[①]：
《墓志铭，拟志伊萨克·牛顿爵士于西敏寺之墓》

如前所述，16 世纪末叶之前已经为伟大的科学革命奠定了基础。依靠玻璃仪器的帮助，实验法已经诞生，并呈现其多种主要特征，如追求精确、崇尚求知活动、从事抽象和界定、重视视觉，等等。本章相对狭隘地集中讨论一段时期的情况，这段时期制造了更加强大并明确具有科学性质的玻璃仪器——显微镜、望远镜、气压计、温度计、真空室等等。看一看新生实验科学的章法制定人弗朗西斯·培根的著作，我们会对这个玻璃日益充斥其间的科学世界获得初步印象。

17 世纪初，显微镜和望远镜发明数年之后，培根撰著《新大西岛》一书，书中设想了一种实验室和设备，可以满

---

① Alexander Pope(1688—1744)，英国诗人，著有《群愚记》等。

足有效探问自然奥秘的需求。培根概述了生发可信知识 [80]
所需的玻璃仪器。借"所罗门宫"的管家之口,他描述光
的分析研究如下(这也预示了牛顿的光学研究):

> 我们还有一些光学馆,在那里演示各种光线和
> 辐射,以及一切颜色。我们可以从无色透明物体中
> 呈现好几种颜色,但不像宝石和棱镜发出的彩虹色,
> 而是各自独立的颜色。我们还表现各种强度的光,
> 使光照射得非常遥远,而且变得十分锐利,以识别微
> 小的点和线;我们也表现光的一切着色,表现视觉在
> 形象、大小、运动或颜色方面产生的各种错觉和假
> 象,并演示各种阴影。我们还发现了你目前尚不知
> 晓的各种工具,可以从不同的物体来源中生成光。
>
> 我们制造人工彩虹、晕轮和光圈。对于物体的
> 可见光束,我们展示各种形式的反射、折射和增生。

关于望远镜、眼镜和显微镜,他描述道:

> 我们获得了看见遥远物体的工具,例如在天空
> 中和在远处。我们让近的东西显得远、远的东西显
> 得近,造成距离假象。我们还拥有视力辅助工具,比
> 现有的眼镜之类高级得多。我们也拥有玻璃仪器和

工具,可以毫发不爽地看清小而又小的东西,譬如小
苍蝇和小蠕虫的形状及颜色,或小颗粒,或宝石的瑕
疵,这些东西用别的方法是看不见的。还可观察尿
液和血液,用别的方法也看不见。

81　　　最后一句直指哈维①对血液循环和疾病成因的研究。
《新大西岛》描写的伟大探索者和发明家群像中出现"玻
璃发明者"的身影,并不意外;培根在其它著作中描写的
大量实验多以"取一片玻璃"之类的语句开头,也毫不
奇怪。

培根充分认识到玻璃在极大程度上变成了一种基本
工具,辅助人们思索和认知,并用以探索自然法则。玻璃
的这种关联,人们常常不以为意,因此差不多忘怀了,但
是只要我们想一想显微镜和望远镜的效应,这种关联立
刻显现无遗,因为显微镜和望远镜使人类看见了正常视
觉能力或常规视觉范围之外的微观世界和宏观世界,人
类的认知为之改观。人类生命攸关的无数微生物在以往
是不可见的,此时变得可见了,同时天空中遥远而微小的
物体也突然变得近切起来。世界空间维度的改变,我们
现在已经习以为常,只有在一些特殊时刻,就像我们用一

_____

①　Harvey(1578—1657),英国医师、生理学家、实验生理学创始人之
一。

对透镜向尼泊尔山村的一群村民显现他们饮用水中的微生物那样，人们才能重新体味那种敬畏惊异之感，那正是显微镜和望远镜发明之时许多人的感受。

此外我们联想到，强有力的玻璃工具在许多别的层面也产生了效应。视觉是人类最强大的知觉，玻璃提供了新型工具后，人类藉以看见了不可见的微生物世界，或藉以凝视肉眼看不见的遥远星体，因此玻璃不仅使人类得以完成具体的科学发现，而且使人类增强了信心，认定一个更加深广的真理之天地必将被发现。人们明白了，有了这把钥匙，就可以打开事物表象之下或之上的知识秘藏，并撼动一些传统思想观念。理所当然的东西不再是当然正确的，隐藏的关系和掩盖的力量也可以分析研究了。

包括一种空间新概念在内的这一切认识，还得到了其它玻璃仪器——尤其是曲颈甑、试管、真空室和另外一些离析仪器——的补充。我们知道，玻璃具备两种无与伦比的品质，它不仅可以制成透明的形式，以便实验者观察实验过程，而且就大多数元素和化合物而言，玻璃是抗化学变化的，它的了不起的优点是在实验中始终保持自身的中性。玻璃的长处不止于此。它便于清洁和密封，易于做成实验需要的形状，又很坚固，因此可以做成很薄的仪器，如果内中形成真空，也抗得住气压。它又抗热，可以用作隔热器。玻璃具有一套综合优点,别种材料无出其右。刘易斯·芒福德问道:假设没有蒸馏瓶、试管、气压计、温度计、显微镜的透镜和标本滑片、电灯、X光管、三极管、阴极射线管,各类学科而今安在?在17世纪伽利略、开普勒、牛顿的许多重大物理实验背后,透镜和棱镜在光的测试中发挥了作用。那么,透镜磨制者的名单与科学革命伟人的身影重合交叠,也就决非巧合了。

83　　研磨玻璃来制成仪器,是世界上最精细的工艺,比西方工匠所做的任何其它活计要精密若干数量级。所以,这么多伟大科学家(斯宾诺莎①、笛卡尔②、胡克、惠更斯③、牛顿、凡·列文虎克④)身兼玻璃磨制人之职,会是什么巧合吗?即使他们不亲手磨制,经过使用精密玻璃仪器,他们也深知玻璃表面差之毫厘,实验结果将谬之千里,与机械钟表之于时间是同一个不言而喻的道理。更明确地说,科学的精密性、准确性和正确性无不深受镜子、透镜、棱镜和眼镜的影响。

---

①　Spinoza(1632—1677),荷兰哲学家,唯理论的代表之一,著有《伦理学》等。

②　Descartes(1596—1650),法国哲学家、自然科学家,著有《几何学》、《哲学原理》等。

③　Huygens(1629—1695),荷兰数学家、物理学家、天文学家,著有《论光》等。

④　Antonie van Leeuwenhoek(1632—1723),荷兰生物学家、显微镜学家,一生磨制400多块透镜。

透镜仅仅是改进玻璃之后开发的光学节目单里的一个节目而已。镜子同样至关重要，不光因为它们在勘测和导航方面的实用意义，而且因为它们可以用作望远镜之类其它仪器的部件，还可辅助光学实验。至于棱镜的发展，它在光学实验中帮助开普勒、笛卡尔、牛顿等人取得了丰硕成果。假若没有这类玻璃工具，则几乎不可能深化有关光的特性和本质的知识。这样的知识反馈后又改良了透镜，引发了新型显微镜和望远镜，最后引发了一种伟大的认知工具或延伸眼睛的仪器，即照相机。玻璃当时无疑是促进科学和技术发展的最重要材料之一，而且迄今一直是。

谁发明了什么，特别是涉及望远镜和显微镜这类仪器的发明，实际的细节并不重要，却是一个争议不休的话题。这里我们只需说明，到了 17 世纪的头二十五年，显微镜和望远镜已经发明。不论年代精确与否，明显的事实是，在意大利、尼德兰、英国以及实验和技术的其它重镇之间，存在着一种饶富成果的互动关系，它推动玻璃技术迅速进步，而改良的仪器导致的新知识又发生回馈，使技术进一步发展。

显微镜这项重大发明的历史清楚地说明，科技发展是互动知识与欧洲各大技术中心结成了一张网络的结果。这个说法也表示，输入到一种产品中的是许多人的累积智慧，以及玻璃与可信知识是同步发展的。显微镜在 17 世纪开头数年被发明了，故事由此在低地国家①开端。起始阶段发展缓慢，但是一个世纪之内就发现了生物界的一些精微细节，刺激了人们足够的兴趣，发现与探索的进程得以持续。17 世纪中叶在博洛尼亚人们首次看到红血球在毛细血管里游动，于是显微镜的成套附件中增添了一种设备，供人们在一百多年间观察小鱼尾巴里血液的流动。

　　1665 年，罗伯特·胡克撰著了最早的显微镜专著《显微图集》，他写道："如果你取一片透明度很高的威尼斯玻璃〔如破酒瓶的一个碎片〕，在加热灯中拔成极细的丝或线，然后捏着丝线一端，放在火焰里烧，直到熔化，变成一个小圆球或小圆粒，悬挂在丝线的末端……。"胡克所描述的，是最早的高倍显微镜透镜制造过程。1683 年安东尼·凡·列文虎克，一位荷兰布料服装商人兼显微镜学家，得以用这种高倍显微镜透镜首次看见细菌，由此引发了长长一系列研究活动，最终导致 19 世纪对传染病的认知和部分征服。

---

①　指西欧的荷兰、比利时、卢森堡三国。

图7　罗伯特·胡克的复合显微镜

罗伯特·胡克的复合显微镜,引自胡克的《显微图集》,伦敦,1665 年。利用它,胡克较早撰著了有关显微镜观察对象的插图书籍之一。这套显微镜是许多发现的开端,而这些发现导致了对传染病的认知。当时,显微镜揭示了肉眼看不见的一个世界,只有科学(借助于玻璃)才能探索这一世界。

　　显微镜的改进过程，几乎纯粹是求知欲所致，因为1840年之前显微镜并无经济用途。早期显微镜显像相当清晰，不过标本周围环有色晕、图像边缘起绒毛。人们花费了二百四十年提高显微镜的精良程度，使之能够揭示细菌的详情细节，揭示细胞分裂和繁殖的机制。全欧洲都作出了重大贡献。透镜玻璃的伟大改良者有瑞士人皮埃尔·吉南德[①]，他在本尼迪克特伯伊昂与约瑟夫·夫琅和费[②]合作，还有奥托·肖特[③]，他在耶拿的卡尔蔡斯公司从事研究。简易透镜产生的带色显像限制了放大倍率和清晰度，为了矫正它，需要用两种不同类型玻璃制作两个不同形状的透镜。牛顿尝试消除色晕，他结合两个不同形状的透镜，但采用同类玻璃制作，未能成功，故而下结论说，这是不可能完成的任务。1670年以前可用的只有传统玻璃，但是这一年，在伦敦为英国企业家乔治·拉文思克罗夫特工作的意大利玻璃工作者们发明了另一类型的玻璃，即铅玻璃。

　　乔治·拉文思克罗夫特制成了新型的铅玻璃，但他未曾考虑把它用于望远镜和显微镜。他开发的项目是酒

---

　　① Pierre Guinand，18世纪末瑞士玻璃制造商。

　　② Joseph Fraunhofer(1787—1826)，德国物理学家，天体分光学创始人，改进了消色差望远镜，奠定了光谱学基础。

　　③ Otto Schott(1851—1935)，德国肖特公司的创始人，发展了光学玻璃熔炼技术。

具、壶和碗。又过了七十年,伦敦的约翰·多兰才把它用于望远镜。多兰是一个法国胡格诺教派难民的儿子,其父于 1685 年南特赦令①废除之后流亡英国,正好一百年前,佛兰芒②的光学工作者们逃离安特卫普,在尼德兰联邦③创立了光学工业,是为实用望远镜发展的先声。87

新型消色差透镜的理论发展,作为显微镜改良的关键,其建树主要来自乌普萨拉的数学教授克林根谢纳④,和在圣彼得堡工作的瑞士数学家莱昂纳德·欧拉⑤。伦敦酒商约瑟夫·利斯特⑥受到苏格兰科学家大卫·布儒斯特⑦鼓舞,进一步改进了显微镜理论。

与玻璃制造人肖特一同在蔡斯公司工作的德国物理学家恩斯特·阿贝⑧更进一步提高了光学理论和生产实践水平,使望远镜能够开发对客观世界的新知识。

①　1598 年法王亨利四世在南特城颁布的法令,给予胡格诺派教徒一定的政治权利,后于 1685 年废除。胡格诺派是 16—17 世纪法国基督教新教派。

②　比利时的两个民族之一。

③　United Provinces,荷兰 16 世纪独立时的国名。

④　Klingenstierna(1698—1765),瑞典数学家、物理学家。

⑤　Leonard Euler(1707—1783),瑞士出生的数学家、物理学家。在解析几何、微积分等领域成就卓著。

⑥　Joseph Lister(1872—1912),英国外科医师、医学科学家,首创用石炭酸溶液进行手术消毒。

⑦　David Brewster(1781—1868),英国物理学家。

⑧　Ernst Abbe(1840—1905),德国物理学家。

法国化学家和微生物学家巴斯德①研究病菌理论时，显微镜是必不可少的工具。当时人们普遍以为苍蝇、蛆、霉等生命形式可以从腐烂物质自然发生②，这种谬见必须以坚实的证据驳倒之后，才能正确研究传染病起因。

巴斯德把酵母和食糖做成的肉汤装进一些鹅颈形玻璃小烧瓶，进行了一组实验。他先把肉汤煮沸数分钟，杀死里面可能存在的任何有机物，然后密封其中几个烧瓶的颈盖，又让经过加热消毒的空气进入另外几个烧瓶，再把附着于棉毛的空气传播的微生物筛进其它几个烧瓶。在一个微温的炉子里放置两三天后，完全密封的烧瓶和只放入消毒空气的烧瓶没有发霉和腐烂，其余所有烧瓶里的肉汤表面都滋生了各式各样的生物体。很难想象有哪种别的材料比透明玻璃更适于这些结论性的简单实验。这是认知和抗击传染病的关键阶段，如果人们继续认为微生物会从任何无生命物质里自然发生，传染病学将棘手得多呢。

以后显微镜将为一个更重大的突破奠定基础。我们的遗传学知识来源于 DNA 和双螺旋结构的发现，这两者又有赖于染色体和细胞分裂机制的发现。这一切的基础，

89

---

①   Pasteur(1822—1895)，发明了巴氏消毒法，开创了立体化学，著有《乳酸发酵》等。

②   指过时的生物学概念"自然发生说"，"无生源说"。

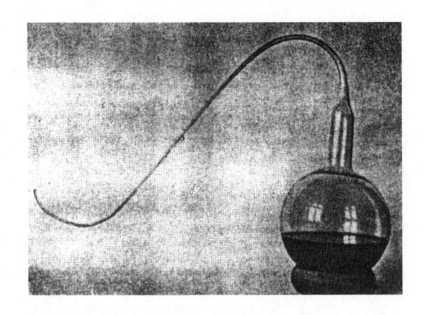

图8　巴斯德的烧瓶

迟至1860年代作此图时,人们还普遍以为生命是自然发生的,因而疾病也可能无须腐坏有机物的外来干预就自行生成了。巴斯德进行了一系列实验,反驳了自然发生说。他在实验中使用了许多鹅颈形玻璃烧瓶,此即一例(详见附录2)。

乃是显微镜解决问题的效力(即看到精微细节的能力)的稳步提高。

以上叙述有简单化之嫌,不免发生误导。实际上还有许多人卷入其中,他们每一个个体都必须置身一个复杂网络,才得以作出自己的贡献。无论如何,显微镜的故事是任何一种产品发展的典型故事,其中各种思想见解和事物长期发生交互作用,最终集成了我们的当今世界。

　　　　　　✧　　　✧

虽然不难发现玻璃科学工具与可信知识增长之间存在的一般关系,但是一些更微妙的关系因为复杂得多,所以常常逃过了我们的眼睛。大多数科学发明都有一个长长的因果链,打破一个环节,因果链便无法完成。我们经常发现某种形式的玻璃,不论容器或透镜,成为一个关键的链环。它虽然不一定是最后的环节,却是不可或缺的环节。

牛津大学科学史家罗姆·哈尔①遴选并描述了"二十个改变了人类世界观的实验",我们仔细研究了这二十个"伟大的科学实验"。其涵盖面之广,从亚里士多德对鸡的遗传学研究,到 20 世纪量子力学、铭印作用②、遗传

---

① 见本书"参考书目"及附录 2。
② 心理学术语,指幼小动物的学习形式:幼小动物辨识同类并产生牢固的依附行为。或译"胚教作用"。

学、认知理论的研究,无所不包。这二十个实验中有十二个显然是离不开玻璃仪器的,其余八个大多需要依靠前人用玻璃仪器进行实验打下的知识基础。(详见"附录2")

玻璃在一项貌似无关的重要发明中,完全可能是一个不可缺少的环节,只是表现方式比较复杂罢了。为了便于理解,不妨观察一个饶有趣味的案例:玻璃与蒸汽机发展史的关系。乍见之下,关系不很明显。蒸汽机的生产过程似乎不需要任何玻璃,那么,为什么说没有玻璃科学仪器的广泛使用,就无法建造蒸汽机呢?

蒸汽机的重要性毋庸置疑,从农耕社会到工业社会的转变中,它既是象征性的、也是实际的工具。它改变了旅行的速度、纺织的速度、采矿的效率、净水的分配以及种种其它事物。它改变了各文明的能源处境,原本只能从植物和动物提取有限能源,变得可以支取数百万年积蓄的丰富碳能源藏量。由于玻璃贯穿的一条因果链,结果蒸汽机成为西北欧洲的一项实际发明。

事实上,蒸汽机只是人类用来释放被吸收日光和使物质加速的转换器之一,后来它又让位于内燃机、燃气轮机等。所有这些机械的工作原理,都是从膨胀气体中获取有价值的机械功。在17世纪,人们对气体特性、气体定律、气体体积及其压强和温度三者的关系,认识上有了长足的进步。取得进步的部分原因是德国、英国和尼德兰用刚刚发明的气泵进行的实验,其先导则是此前气压计的发明,以及 1640 年代意大利对真空存在的论证。

　　第一代蒸汽机是"大气"型,利用空气的重量或压强,将一个大直径活塞压向活塞下面由压缩蒸汽造成的半真空,这种蒸汽机的生产并不需要玻璃。但是,第一代蒸汽机的设计师需要透彻了解大气的性质,也就是:空气有"重量"并能产生压强;可以制造一个封闭的容器,内中的空气比开放式容器中存在的空气少得多;蒸汽可浓缩以实现这样的状态;得到的压强差可用来发挥可观的能量。这一连串的知识,人们在 1600 年充其量也就是若有所感,但是到了 1700 年,人们在欧洲借助一系列一丝不苟的实验,已经进行了深入的甚至量化的研究,而玻璃在其中几个实验中起了关键作用。

　　1640 年代罗马的贝尔蒂①以及稍晚佛罗伦萨的托里切利②进行了实验,实验强烈地表明了无物质空间的存在,这就是我们所说的"真空"。他俩在实验中,不约而同地用到一个起初填充流体的垂直试管。贝尔蒂的试管是铅制的,高约三十呎,倚在他家房屋的侧墙上,试管顶部砌有一个充水的玻璃烧瓶。托里切利的实验用水银,

①　Berti (1604—1672),意大利数学家、物理学家。
②　Torricelli(1608—1647),意大利物理学家、数学家,其实验导致水银气压计原理的发现,著有《运动论》等。

他的试管是纯玻璃的,短得多,大概三呎长,顶端密封。在这两个实验中,试管里的流体均可从底部流出,给上部留下真空。真空的性质,以及试管余留液面高度恒定并可重复再现的原理,激发了大量后续实验工作。

托里切利的实验是一个有趣的案例,说明创新一般是怎样发生的。如果不存在玻璃,托里切利真不可能说什么"我需要一种可以看得透的材料,做成试管,长度不定"(因为要想长度正确,就已经需要若干探索性实验了)。或者说什么"我需要某种东西,它一端封闭,其材料结实得足以支撑它自己,外加沉重的水银柱"。

如果考虑下一步,我们可以推测 1640 年代意大利已经存在胜任愉快的玻璃工业,惯于生产透明玻璃、吹制瓶子和装饰性器具。也能吹制很大的玻璃泡,作为平板玻璃的制造步骤。于是托里切利可以付钱给玻璃工,让他把一个大玻璃泡拉成一个长试管。这应当是一个创举,但当时做起来游刃有余。

最后一道制作工序是封闭试管的一端,有时用某种简易的熔封,有时是在熔化的试管末端吹成一个玻璃泡来封缄。这道工序可能是玻璃工完成的,也可能是托里切利或其助手完成的。由此可见,整个过程是一种双重行为,既是在选择当时已经可用的现成材料,又是在明确地设计新事物。罗伯特·玻意耳的发明故事也大致如此,他的玻璃真空泵室只能在世界上少数几个工场制成,因为只有它们才能制造出足够大的圆形玻璃。

这说明,假如追溯因果链,你会发现罗伯特·玻意耳早已了然于心的事情:没有透明的玻璃,就不可能有气压计、气泵和气泵室,以及气体定律。如果使用金属、陶或瓷做的容器或者试管,你根本就看不见实验过程。所以说,在工业革命主要动力源泉背后的一条因果链上,玻璃是一个必要环节,因为它提供了关于自然法则的更精确知识。

毋庸置疑,在17世纪科学研究使用的大部分重要工具中,玻璃都是一个必要成分。恰如诺尔斯·米德尔顿[①]的评论:"17世纪数十年内发明的六种宝贵的科学仪器无疑产生了巨大效应,推进了科学的发展。这些仪器是:望远镜、显微镜、气泵、摆钟、温度计和气压计。它们每一种都使得过去不可想象的实验和测量工作成为现实……。"除摆钟以外,它们的先决条件全在于优质透明玻璃是否现成可用。

最后还可举出三个例子说明玻璃的间接作用。第一

---

①　Knowles Middleton,见本书"推荐书目"。

个例子是卑微的灯泡,它无处不在,是现代生活必需的小玩意儿,但是人们往往熟视无睹。第三个千年伊始,我们 94 生活在一个人造光的世界里。以往千百年中,人类点燃蜡烛和油灯,帮助延长了白昼。19世纪初期,电贵临人间,无数又小巧又经济又实用的发光用具也应运而生。以托马斯·爱迪生为著名代表的许多实验科学家面临的问题,是如何用一种能够导电和发白炽光的材料制造一个小线圈或一根丝,发出光来。例如用一根细铂丝就很容易做到,可是要做出一种能够持续工作数周数月的用具,又是另一码事。将细丝置入玻璃容器,用新发明的高真空泵抽出几乎所有空气,问题便解决了。最后又发现,可以用仔细净化过的惰性气体代替真空。迄今为止,不论是金属丝灯泡,还是更摩登的荧光灯管,清澈的玻璃容器一直是必不可少的基本构件。

　　第二个例证来自导航术。没有导航术,奠定现代全球性经济的那些贸易帝国当年不可能建立。直到18世纪初,长途贸易和航海全凭运气左右,几无利润可言,原因是不能精确测量纬度和经度。由于计算发生荒唐错误,无数远征队失踪,昂贵的船队失事。船舶开到太平洋当中,完全不知道自己该何去何从,即使沿欧洲大西洋岸航行或驶往美洲,航程中也是险象环生,因为一旦看不见陆地,就简直无法精确测定船舶位置。纬度问题稍微容 95

易解决一些。长期以来人们可以利用船尾标杆之类的工具比较精确地测量出正午太阳的角度。18世纪初开始使用六分仪，大大提高了测量的准确性，这种工具没有玻璃是无法制成的。六分仪既用到半镀银玻璃，也用到透明玻璃。镀银玻璃用来反射太阳影像，通过调整反射角度使太阳影像下移到地平线，再用透明的观测望远镜看到太阳影像。六分仪如果细心操作，可以帮助确定十英里至二十英里以内的纬度。

较难确定的是经度。后来发明了准确的钟或计时器，它们很结实，抗得住空气中含盐的水雾，抗得住变化多端的温度和湿度，也抗得住长途航海在所难免的无尽颠簸和频频袭来的狂风暴雨，这才首次获得了真正实用的经度测量法。玻璃并不用于计时器的机械部分，但仍不失为基本部件，因为没有玻璃，就不可能制造船舶可携载的安全无恙的实用测量工具。玻璃护面把机械部分封缄得好好的，却又看得见其运作。

一些意义深远的航海辅助工具在18世纪日渐重要，它们也都离不开玻璃。单筒和双筒望远镜广泛用来观察前方。灯塔、港口信号灯和海上航标灯能指明海港和右舷，是在险海和拥挤海域航行的必备工具。在船舶内部，带玻璃罩的提灯保障了夜间作业，换上一支随风摇曳的蜡烛，马上就会熄灭。

图9 哈里森的计时器

哈里森 4 号之正面图,哈里森的获奖作品;解决海上精确测量经度的问题,它起了关键作用。这只表和其它小型计时器,如果没有玻璃护面保护它们免遭海上种种不测——狂风、空气中的盐分、风暴吹落物体的轧砸等——则将一无用处。

97 　　第三个例证的相关领域,是如何表现时空中的投影。最初用 *camera obscura* 表现投像的实验已经年代久远,也不需要玻璃。这类工具的最简易形式不过是在百叶窗上开一个小孔,将外部世界的(倒置的)影像投射到遮光的房间里。导致 19 世纪上半叶摄影术发明的一些早期实验,在若干步骤中需要玻璃:照相机镜头、摄影底板和暗室。没有玻璃,就没有摄影术,也不会产生如今这个照片弥漫之世界的相关一切。而且毋庸置疑,没有摄影术,19 世纪最后十年就不可能发明电影。虽然电视使用的技术和电影不同,但电视照样需要摄影机和屏幕,玻璃乃是这两者的必要构件;况且,若非前期电影的启发,电视恐怕根本不会发明。当今有燃气轮机或蒸汽轮机发电,电视才能运作,可是假若既未发明蒸汽机,又不了解气体定律,这两种轮机就不可能存在。所以,多亏有了玻璃存在,我们的世界才有了摄影术、电影和电视。玻璃在其它方面的影响也是显而易见的,例如求知欲的发生、信息的远距离迅速传播、历史知识的保存等;我们且想象一下,倘若没有这些信息技术,世界将会怎样? 遑论计算机——至少初期计算机是需要玻璃屏幕的。

98 　　简而言之,没有玻璃仪器,则下述学科无一存在:组织学、病理学、原生动物学、细菌学、分子生物学。此外,天文学、更宽泛的各种生物学科、物理学、矿物学、工程学、古生物学、沉积学、火山学、地质学也将面目全非。惟因透明玻璃便利可用,而且人们可以熟练地操纵,这些学科才得以存身。它们有力地证明了以玻璃为关键环节的若干条因果链。

因此,我们无妨在结论中提请注意:假若没有玻璃这非凡的材料,当今世界将在多大程度上无以存在。缺少了透明玻璃,我们不会掌握气体定律,不会有蒸汽机和内燃机。缺少了透明玻璃,我们不会让细菌原形毕露,不会了解传染病,不会有巴斯德和科赫[①]以来的医学革命。缺少了紧密依靠玻璃仪器的化学,我们不会识别氮,也就没有人工氮肥,因此 19 世纪以降的农业进步将化为乌有。缺少了透明玻璃,就不可能有望远镜,天文学只好限于肉眼观察,我们便不会认知木星的诸卫星,也没有便利的方法来证明哥白尼和伽利略学说之正确。缺少了玻璃,我们不会认知细胞分裂(甚至不会认知细胞),故而也不能发展微生物学,不能洞察遗传学之幽微,当然也不会发现DNA。此外,不言而喻,缺少了眼镜,大多数人口(至少西方人口)年过五旬就很难阅读这一本或其它任何一本书籍。

---

① Koch(1842—1910),德国细菌学家,提出鉴定某种微生物为相应传染病因的"科赫原则",获 1905 年诺贝尔医学奖。

第六章　玻璃在东方

假若人把玻璃观望，

双目乃会久滞其上；

倘使他愿看透玻璃，

他定能窥见那天堂。

乔治·赫伯特：《炼金药》①

玻璃是导致欧亚大陆西部可信知识爆炸的必要原因——倘非全部原因，这一命题怎样才能验证？既然我们无法进行一项实验，剔除玻璃、重新走一遍西欧历史，我们便别无选择，只得用比较的方法了。别的文明发生了什么？尤其是，欧亚大陆东西两半比较起来情况如何？自然，这并不是结论性的方法，但可以用作反证。有理由认为：只要找得出一个案例（譬如印度、中国或日本），表明在一个不大使用玻璃的文明中，发生过我们在西欧看到的这种可信知识增长，就可以驳斥玻璃是"科学"发展

---

① George Herbert(1593—1633)，英国玄学派宗教诗人。本诗原名为 Elixir，指中世纪西方炼金术士探求的炼金药。

之必要条件的假说。不过,如果印度、中国或日本既不发生可信知识膨胀也不拥有大量玻璃,仍旧可能是玻璃缺席以外的其它因素造成的结果。玻璃永远只是多种必要原因中的一个,决不会自成全部原因。狩猎采果部族基本上匮乏科学,并非因为他们没有玻璃。罗马人制造了绝妙的玻璃,却从未发展出我们可以称之为"科学"的东西。尽管如此,我们仍不妨进行一番对照研究,看一看别国的案例。我们将从地中海东移,简要地纵览一番伊斯兰国家、印度、中国和日本的玻璃史。

在某种意义上,最富于启迪的一部玻璃史,是它在伊斯兰文明中的命运。罗马帝国崩溃后,玻璃制造中心回移到地中海东部地区,也就是最初发明和发展玻璃的叙利亚、埃及、伊拉克和伊朗等地。公元 224—651 年间统治西亚广袤疆土的萨珊帝国曾占有这一地区。当地的玻璃一般是淡绿色或透明的,技术包括吹制、铸压、轮机切割,并带有压花和贴花。许多产品非常美观,流布广远,例如日本公元 6 世纪和 8 世纪的墓葬中就发现过两个。

公元 7 世纪,伊斯兰文明在扩张过程中,阿拉伯人摧毁了萨珊帝国,但是玻璃制造业并未消亡。这样一来,由于此前伊斯兰教徒已经汲取另外两大玻璃产地——叙利亚—巴勒斯坦地区和埃及——的玻璃制造经验,这个新生文明便继承了多种最先进的玻璃制造技术。然而,入侵之后大约一百年间,玻璃制造业逐渐衰落;公元750年前后,巴格达等地有了比较安居乐业的环境,玻璃又开始复兴。到公元9世纪,一种鲜明的伊斯兰风格已经确立,以精致的工艺而闻名遐迩。玻璃制造业流传甚广,品种繁多,从实用器皿到精美奢侈品无所不包。

　　伊斯兰域内,玻璃工匠创造的玻璃产品美轮美奂,几乎空前绝后。虹彩绘、炉火纯青的雕刻、上珐琅、镀金,在这一切工艺方面,伊斯兰玻璃工匠都举世无匹。他们生产出不可胜数的瓶子、碗、壶、玩具、衡量钱币重量的小圆砝码、灯盏(主要用于清真寺)和锦玻璃。全欧亚大陆都进行这类玻璃的贸易,玻璃在伊斯兰帝国辽阔新世界的重要性,变得不亚于罗马帝国时期。伊斯兰玻璃踪迹所至,远及斯堪的纳维亚、俄罗斯、东非,乃至中国。最辉煌的玻璃是叙利亚在13、14世纪制造的。阿勒颇[①]和大马士革大规模地创造玻璃产品,其例证包括一些富丽堂皇的器物,装饰着飞禽走兽、花卉和阿拉伯风格的树木图案。产品包括喷水壶、玻璃球、带脚架的碗、口杯、长颈瓶等。用于学校和清真寺的清真寺灯(实

---

①　叙利亚西北部城市。

为灯笼)格外美丽,而且意义重大,就其象征性和使用之广泛而论,最迹近西欧教堂彩色玻璃的发展。清真寺灯图解了一段可兰经文:"阿拉是天地之灯。与阿拉之灯相似者,乃一小壁龛,内中点灯。灯置玻璃中,玻璃犹如灿烂之星。"

遗憾的是我们未能充分了解玻璃在那里的工具性用法,不过确知那里广泛生产了科学仪器、蒸馏器、放血吸杯等。官方的衡器量具也用玻璃制成,似乎还有限地制成了镜子,以及用于放大或其它目的的平凸透镜。阿拉伯思想家正是此时此刻改革了数学、几何学、光学和化学,这绝非一种巧合。

另一类主要的玻璃产品用来装香水和化妆品,也就是制成小瓶子或别的容器盛放油膏脂霜。这个用途很有趣,西方玻璃制造业自罗马时代以来,在这方面的研发就要少得多。第三类产品则数量最大,是餐具,包括瓶子、碗盏和盘子。我们希望了解的一个情况是玻璃饮具的发展。伊斯兰教的禁酒教规确实有影响吗? 问题的提出,是因为意大利的酒具生产对精细玻璃的发展意义重大。

最后,窗玻璃的发展似乎非常有限。由于中东的热季十分需要通风,传统房屋几乎不安装玻璃窗。论述穆斯林建筑的文献偶尔提到宗教和世俗建筑采用了小块彩色窗玻璃,除此之外很难寻觅证据。平板玻璃的不发达意味深长,因为在教堂彩色玻璃和罗马时代以降无色玻璃窗的发展过程中,许多非凡事件恰恰出现在气候、基督教和玻璃相遇之时,在北欧尤其如此。

103　　伊斯兰域内玻璃制造业的倏然衰亡是一个谜。如果简单解释为蒙古侵略者最终消灭了玻璃,显然不乏依据。第一次大破坏发生在 12、13 世纪,殃及伊斯兰疆域的北半部和俄罗斯部分地区。12 世纪初蒙古的进犯毁灭了基辅罗斯①繁荣的玻璃制造业,13 世纪初繁荣的波斯制造业也几乎被成吉思汗摧毁殆尽。

　　第二次大破坏发生在 14 世纪。公元 1400 年帖木儿摧毁玻璃工场并从大马士革驱逐玻璃工,大体上终结了伊斯兰玻璃制造的黄金时代。不过,帖木儿大破坏之前约五十年,玻璃的质与量其实已呈下降态势,说明其中还有别种力量在起作用。公元 1400 年以后,叙利亚及其毗邻地区就不大生产品质差强人意的玻璃了,玻璃制造业简直已经灭绝;这时威尼斯崛起,满足了人们对豪华玻璃的需求。15 世纪伊斯兰玻璃制造业末日之成因究竟是来自西方的竞争、城市里瘟疫的流行、玻璃工的放逐,抑或

---

①　历史上以基辅为中心建立的国家。

是其它,答案尚不得而知。我们所知道的只是,公元 1400
年之后若干世纪,伊斯兰世界的任何一处都停止了制造
优质玻璃。

这故事不免有些奇特。公元 700—1400 年间,世界
领先的玻璃制造地区是在伊斯兰文明的域内。医学、化
学、数学和光学(物理学)方面,伊斯兰文明也同时领先。
而正当欧洲的玻璃在改造科学和视觉的关头,玻璃却大
体上从伊斯兰世界遁迹了。这现象必定非关偶然,至少
是一种有择亲和力卷入其间。大约公元 1200 年以降欧
洲之所以最终发展得远为强大,乃是因为玻璃——尤其
是透镜和棱镜、眼镜及镜子——作为思想工具受到了高
度重视,而伊斯兰世界的玻璃制造业至少目前看来情况
是不同的。中世纪伊斯兰玻璃制造业从来不曾开发双面
透镜和眼镜、平板玻璃(譬如用于文艺复兴时期绘画的)
和非常精良的镜子(例如威尼斯制造的)。这是不是关键
的差异呢?

公元 1400 年以后的故事扼要叙述如下:虽然奥斯曼
帝国属下的土耳其生产了一点玻璃,但各项玻璃技术只
得在 18 世纪末期从威尼斯重新引进。有证据表明 16 世
纪土耳其和 17 世纪伊朗生产过一点玻璃,不过质量低
劣。玻璃的少量生产还能找到其它例证,但是总体而论,
缺乏 14 世纪末至 19 世纪之间中东生产的玻璃的可

靠证据。

本节试图推测，假定蒙古人不曾首先摧毁北方的、继而摧毁南方的玻璃制造业，会发生什么情况。假定公元1400年之后威尼斯能与一种欣欣向荣的伊斯兰玻璃制造业竞相制造精良的镜子和透镜，今日的世界可能大相异趣。

　　　　　　✦　　　✦

　　玻璃在印度的命运同样耐人寻味。这里是一个广袤
105 的智慧之邦，世世代代发展出许多工艺流程，制铁和制陶、纺纱和织布、木工和编筐工艺，无不称雄于世。印度毗邻玻璃的发轫地（波斯和宽泛的中东地区），贸易往来频仍。如果说玻璃技术发展有什么在所难免的趋势，我们必定以为玻璃生产会在印度开花结果。那么我们了解的印度玻璃史究竟怎样呢？

　　基督元年之前数千年，玻璃在印度似乎家喻户晓，但主要用于装饰。印度早期玻璃工匠制作了玻璃珠子、镯子、耳饰、印章、砝码。印度已经掌握玻璃知识和工艺，普林尼也说印度的玻璃举世无双，不过他举出的一个理由值得注意：印度玻璃是用水晶碎块制作的。从基督元年左右到5世纪，玻璃的制造和应用在印度似乎出现了一次高潮，有学者声称那时候玻璃开始得到广泛应用。包

括酒杯在内的外国玻璃制品也舶入印度，而且印度人显然知悉了玻璃吹制术。此时此刻印度仿佛沿着西方各国的同一方向前进。

但是接着玻璃制造业就式微了，从笈多王朝①黄金时代，公元450年前后，印度玻璃制造业变得衰败不堪，一千年后竟至难以为继。产于该时期的玻璃制品，只发现过少数镯子和玻璃碗。巴曼时代（1435—1518）有过小规模复兴，德干半岛②土层内多处发现当时生产的玻璃镯子、珠子和碗盏。然而，与欧洲截至此刻的情形相比较，我们注意到印度突出地缺乏玻璃窗、镜子、透镜、眼镜，也未将玻璃广泛用作饮具。

在莫卧儿时代，波斯玻璃匠人被引荐到朝廷后，开始生产玻璃。透明玻璃还很稀罕，一般呈深铜绿色，装饰着花朵和其它图案。水烟筒（"大烟泡"）用玻璃作装点，还制造了一些玻璃碗和痰盂。古怪透顶的是，当玻璃开始用于镜子的时候，偏偏是用于金属镜的背面 作花饰（通常是绿色或浅棕色，模仿玉）。贵族们便如此这般地把玻璃制成精美的奢侈品来享用。该时期遗留下来的玻璃制品，多产自17世纪末叶。

当葡萄牙和英国商人开始明显影响印度时，印度与西

---

①　公元320—540年统治印度北部的王朝。

②　指印度半岛。

欧比较之下的发展殊途便清晰可辨了。现已发现16世纪头二十五年的玻璃眼镜,并有大量17世纪初期的物证说明东印度公司向印度进口眼镜。该公司的信件表明当地需求镜子、眼镜和其它玻璃制品。荷兰的玫瑰香水瓶、杜松子酒瓶、墨水瓶等等此时也流行起来,进口玻璃似乎大行其道。但是即使在这一时期,印度国内玻璃产量究竟有多大,也很难了解。当然,18世纪晚些时候,关于当地的玻璃窑倒有一些妙趣横生的描述。19世纪,本土玻璃工业初具规模,不过主打产品似乎还是镯子和器皿,至于制造镜子、窗玻璃板、眼镜、透镜之类的证据,则难以寻觅。

这一时期印度的玻璃布满瑕疵,质量很成问题,以致造成种种后果。由于透明度不足,人们转而需求上乘的外国玻璃,自17世纪后期开始,特别需求英国铅玻璃,于是本地玻璃工业几乎垮台。

难解之谜就在于此。虽然印度人深谙玻璃制造的一切技术,但是,即使在遭到外国竞争的扼杀之前,他们也没能发展出成熟的玻璃工业。史家提出过若干起作用的因素,其中一个涉及玻璃原料。有人认为当时印度短缺泡碱,或天然碱。这也许是一个重要原因,但是鉴于19世纪家庭小工业风靡全国,说明其它因素应该是非常有利的,人们不禁怀疑原料的障碍完全可以逾越。

有人提出了印度玻璃发展滞缓的另外两个原因。一个原因是玻璃工的卑贱地位。正如所有那些按自然分工划分成文化群落的人们（如铁匠、裁缝和皮革工）一样，玻璃工匠沦为印度种姓制度的最底层，因此玻璃制造业不可能吸引知识分子和富人。除此以外，相关原因还有社会的势利心理和宗教的桎梏。玻璃似乎不登大雅之堂，阔佬和雅人不稀罕它，宗教文本字里行间也透露出对它的轻蔑。显然，玻璃似乎主要是用来仿充别的东西——玉和宝石、瓷器和陶器，好像反倒并不因为自身的价值而受到重视。这是一个循环模式。玻璃身价越高，对玻璃和提高玻璃质量投入的钱越多，改良的玻璃也就越有吸引力。这是西方的模式。而如果把玻璃看作其它东西的二流替代物，那么，玻璃不纯净便不妨事，用途便有限，吸引力也越来越小。

　　如果我们的眼界再开阔一些，有几个事实自会从故事中凸显出来。第一，印度不发展玻璃并非匮乏知识和技术的结果，知识与技术之丰沛在印度地区不亚于玻璃迅猛发展的地中海一带。第二，印度是一个最丰满的案例，说明一个文明如何在一千多年间几乎忘却了玻璃。公元 400 年以前，玻璃至少作为小型装饰品在印度非常流行，一千年后玻璃却差不多杳无踪迹。第三，单从材料角度而论，不难看出实用方面的原因。只要检视玻璃的每一项主要用途，我们就能看出印度人为什么不需要玻璃:首先,印度的制陶业源远流长,便宜的陶罐陶杯比昂贵的玻璃器皿更能满足储备和饮水的需要;其次,印度的气候体现不出玻璃窗的高度优越性,所以平板玻璃不会发展;最后,印度有充足的上等黄铜和其它材料用来制造镜子。有了这些理由,可能不再需要提到印度教和伊斯兰教对玻璃的态度,用以解释为什么印度一直是一个基本上不开发玻璃的国度了。

但是后果不胜枚举。其中,印度的科学就可能受到了影响。众所周知,印度的数学曾经非常先进,譬如它向西方提供了零的概念和符号。然而发展到公元 5 世纪,数学在这里变得越来越抽象而纯粹。就我们所知,几何学和光学在印度也没有很大发展。需要镜子和透镜这类玻璃仪器才能进行的实验和对数学原理的检验,在印度是无法完成的。其次,印度的美术也受到了影响。如前所述,玻璃促进了透视画法、景深和写实主义,所以是对西方美术革命发生根本影响的因素之一。但是,从中世纪直到莫卧儿时期著名的波斯绘画,印度美术一直是二维的和象征符号式的,这恐怕也是玻璃缺席造成的后果。最后,我们将看到,主要因为玻璃的缺席,关于人格和个人的观念受到了深刻的影响。

在很长的历史时期中,中国是一个技术上最为老练的文明,因此我们不免好奇:中国人拿我们称之为玻璃的非凡物质做了些什么呢? 从西方本位观点出发,玻璃在中国最近三千年的经历实在令人费解。这个文明古国养育过历史上最富于创造力的一批工匠,制陶工艺、金属工艺、印刷术和纺织术无不独领风骚,但在玻璃开发领域却几乎毫无建树可言。

大约公元前 6 世纪以前,中国似乎广泛生产玻璃。汉代(公元前 206—公元 220 年)掌握了玻璃铸造术,能制造祭祀器具和首饰。中东发明玻璃吹制术之后大约五百年,中国引进这一技术,是为第二个重大转折点。玻璃吹制品最初靠进口,自 5 世纪当地开始从事玻璃吹制。

此后一千年,是一定数量的国内生产和大量的进口相结合,进口渠道首先为罗马,嗣后有伊斯兰国家和欧洲。国内制造和进口的玻璃器物多为小型祭祀器具,后来还有玩具和其它用具,包括拉洋片或走马灯的玻璃屏幕。一部分国内玻璃制造业似乎持续发展着,不过总体而论,在玻璃吹制术引进后的一千年间,玻璃工业似乎谈不上真正的发展。除却用于宗教仪式的小型圣钵和一些宝石仿制品之外,现已发掘的玻璃制品不多。玻璃技术局部而零星地存在着,缺乏长线进化。

　　要解释中国的现象,一个方法是检视玻璃的功用和人们对玻璃的态度。中国人把玻璃基本上看作珍稀物质的低贱替代品,而看不到它本身就是货真价实的奇妙材料。玻璃的主要吸引力,是它可以便宜地模仿绿松石之类更珍贵的物质。玻璃以及玻璃工匠的地位与印度相仿佛。为了便于比较,我们不得不使用"玻璃"一词,但是这种物质在中国并不携载我们赋予它的全部意义。它是一种非常低级的材料,人们倒是对黏土、竹子、纸和别的许多材料更感兴趣。

　　玻璃的第二种潜力是用作各类容器和器皿。有人可能会问:玻璃能够做什么精细陶瓷做不到的事情吗? 伟大的耶稣会史学家杜赫德①曾描写 17 世纪末叶的情况,他将瓷与玻璃加以比较,由此对玻璃在中国缺席的一个主要原因提出了重要洞见:

　　　　中国人对欧洲进口玻璃器物与水晶器物之好奇,不亚于欧人对中国瓷器之好奇。虽然如此,中国人亦未肯漂洋过海谋求之,盖因彼以为本国瓷器更有妙用故:它可盛装滚烫液体,以中国人之道,手持

---

　　① Du Halde(1674—1743),法国耶稣会教士,著有《中华帝国全志》。

一碟沸沸然茶水，亦不会烫煞人。设若使用同一厚度及品状之银碟，则决不可得。况中国瓷器光泽熠然，不让玻璃。倘日瓷器之透明度有逊，则其易碎性亦逊矣。

他继续说明，瓷像玻璃一样可用钻石切割造型。因此杜赫德认为事实不言而喻：盛装热饮料只要有了瓷器，恐怕就不需要玻璃了。普通陶器也发挥了重要作用。中国是和日本并驾齐驱的制陶大国。陶有种种优点，它比玻璃便宜得多，非常适于盛装热的液体。一个饮茶的国度，不可能开发滥觞于罗马玻璃的那等精美玻璃酒具。

至于窗户，既然有很不错的油纸再加上温和的气候——当然指南方，那么中国大部分地区便不存在制造玻璃窗的压力。在初现端倪的一系列更广泛差异中，窗户是一个部分。例如，中国南方建筑的主要成分，是木工加格子框架的建筑物——说是建筑物，倒更像轻型帐篷。这些脆弱的墙壁不承重，所以很难安装玻璃窗。中国农民阶级即使花得起钱，他们的房屋也不宜安装玻璃窗，只好靠空洞或者油纸窗户和贝壳窗户采光。而且，中国鲜有一用就是几百年的宏伟宗教建筑或世俗建筑，相当于西方主教大教堂和贵族宅邸的建筑物在中国是缺位的。

在至少 1670 年代以前，中国基本上是一个玻璃技术 112

仅具雏形的国家,所以,玻璃堪称生存工具的一些用途,例如饮水、贮藏、人身修饰、住宅装潢等,在中国要么面目全非,要么根本不存在。我们论点的要旨在于:玻璃技术在这些方面不发展,也就大大影响了玻璃制造的各种思想工具的发展。

中国人热衷于镜子,不过主要热衷于高度抛光的铜镜,常常认为它具有魔力性质。铜镜可制成平面的、凸面的和凹面的形状,还用作"取火镜"进行过一些实验。有学者提出,中国早先制作过玻璃双面凸镜,姑且假定如此,12世纪之前也已经绝迹;关于中国是否利用玻璃开发过眼镜,也未形成定论。

公元800年以前,中国人了解许多玻璃技术,包括彩色和素色玻璃制造、玻璃吹制、铅和钡的使用。嗣后中国人对玻璃就不大感兴趣了,直到1670—1760年间,在耶稣会会士的推动下,才又爆发过短暂热情,持续了一个世纪左右再次寂灭。所以,在公元800—1650年间的大部分时期,正值伊斯兰国家以及后来西欧国家发展玻璃技术的高峰时期,中国几乎没有发展玻璃技术。

113　　日本人显然很早便已知悉如何生产玻璃,也能够制造各类彩色或无色的品种。日本玻璃发展史的杰出专家多萝西·布莱尔①描述了日本如何发现弥生时代（约公元前300—公元300年）可能产于日本的玻璃珠和砝码。古坟时代（约300—710年），玻璃技术在日本传播开来，玻璃的用途也有所增加，虽然主要用作珠子。公元538年佛教传入后，日本制造了玻璃圣器，稍晚又使用小玻璃罐盛放遗骨。日本也开发了一些新技术，制造珠子，或许还制造透明绿色玻璃缸。

在奈良时代（710—794年），玻璃制造业更进一步发展，许多庙宇拥有自己专用的玻璃建造处。现已发现大批的珠子和成匾的残片，还有"鱼形符木"和五花八门的铸成和绞成的珠子。玻璃吹制术已很普及，圣武天皇（卒于756年）的纪念馆展示了成千上万件玻璃珠、玻璃片、玻璃镶嵌物、腰带配饰、卷轴棒，表明了玻璃产量之大。平安时代（794—1185年）玻璃制造业式微，但仍可发现一些精致复杂的珠子和玻璃镶嵌物。

显而易见，玻璃在古代对日本人具有精神意义，但是用途范围不大。本节记录的玻璃用途有珠子、装饰品和宗教器物，而未提及窗户、饮具和镜子。这里已经存在与西方的分殊，因为罗马人及其西方后继者在12世纪以前就开发了玻璃的这些用途。我们可以看出，玻璃的使用

---

① Dorothy Blair，见本书"参考书目"。

在日本是从 9、10 世纪左右开始减退的。

镰仓时代(1185—1333 年)国内玻璃制造业大大衰
114 落,尽管玻璃珠子仍有需求。一些玻璃工场继续存在,但
玻璃器皿大概是使用中国进口货。室町时代(1333—
1568 年)玻璃加速衰落,直至玻璃制造业几乎灭绝。在不
赞成偶像崇拜的禅宗佛教影响下,甚至玻璃珠的使用也
几乎遁迹。16 世纪中叶的局面是,除了制作几种珠子外,
日本人显然不知道玻璃用途为何。安土—桃山时代
(1568—1600 年)不再生产玻璃。确实,日本人全然忘却
了玻璃制造术,以至于 16 世纪末当西方商人和耶稣会传
教士带来首批玻璃吹制品的时候,他们还以为这是西方
人用地里掘出的什么新奇材料制造的呢。这真是一个奇
特的故事,虽然和它的中国巨邻不无相像。大约 10—16
世纪之间,正是欧洲玻璃扩张的大时代,玻璃制造活动在
日本却差不多销声匿迹了。

葡萄牙人和荷兰人将钠钙玻璃和铅玻璃带到日本。
用这类玻璃制出的器物具有功利价值,而失却了早期附
着的宗教光环。出于求知欲,日本人尝试去仿制,19 世纪
初期日本已经在制造着精良的玻璃器物。萨摩等各封建
主都在进行玻璃生产试验。自 19 世纪中期开始,由于美
国和其它外国强权进入并胁迫日本,玻璃生产陷于停顿,
导致玻璃生产在日本实际消失,但东京的私人玻璃店还

苟存着。

　　17 世纪旅日游客瞩目的现象是，精湛的日本手工艺
一旦用于玻璃，便可成就妙不可言的产品。研究日本史
的史学家英格尔伯特·甘弗①17 世纪后期曾在日本住过
几年，据他记录，玻璃制造业很普及，日本人当时已经在
吹制玻璃了。言及东京，他写道："街道两旁，商人、手艺
人、布料商、丝绸商、药材商、偶像贩子、书商、玻璃吹制
匠、药剂师各色人等开办的商店鳞次栉比，设施齐全。"18
世纪末，桑伯格也注意到日本人的才能："他们同样熟悉
玻璃制造术，可以为任何目的制造有色和无色的玻璃。"
19 世纪中叶，额尔金②出使期间，有关记述出现了似曾相
识的双重基调：日本人可以制造绝妙的玻璃，但是使用的
范围非常狭隘。尽管手艺高强，日本人却把玻璃几乎完
全用于装饰目的，是对 8 世纪日本玻璃制造巅峰时期的
老调重弹。额尔金勋爵出使的编年作者强调指出：

　　　　日本人生产的玻璃，某些形式已经达到出神入
　　化的境地，譬如形状曼妙的瓶子，又轻盈又脆弱，看

---

　　①　Engelbert Kaempfer，荷兰东印度公司医疗官员，1691 年到 1692 年
间居住在日本。
　　②　Elgin(1811—1863)，即下文的额尔金勋爵，英国外交官，曾率军侵
华。

上去直像泡泡儿,透出五光十色,而且用某些工具装饰得美丽斑斓;然而日本人竟不知平板玻璃为何物,实在不可思议。他们的镜子是圆形钢板,抛光的程度足以应对镜子的一切功能,通常在其背面精心装饰。

116   由此可见,即使到了 1850 年代,玻璃在西方的两大用途,即窗户和镜子,在日本也未得发展。

明治维新(1868 年)后,新技术和新用途汹涌而来。日本人获悉了窗户、灯盏以及其它多项玻璃用途。他们引进了外国专家,工业化的玻璃生产迅速发展。结果,日本今天已经立于世界玻璃生产大国之林——可能仅次于美国而名列第二,不仅生产着其它产品,也生产大批质量优异的平板玻璃。

难解之谜就在这里。至少从 8 世纪,甚或更早,日本人就具备了一切有关制造优质玻璃的知识,并且确曾利用有色或素色玻璃造出玻璃精品,但是差不多纯粹为了宗教或装饰目的。大约 12 世纪后,玻璃制造业消亡了。葡萄牙人重新输入玻璃制品以后,日本人也只是狭隘地将它们用于装饰目的。今天日本人甚至使用从西文派生的"garasu"一词指称玻璃。于是我们不得不解答一系列的缺席。

在前面讨论镜子和个人观的章节,我们已经了解,传统的日本镜子是黄铜或钢制造的,而非玻璃制成。镜子很普及,它是一种重要的神圣象征符号,但是玻璃镜并未发展,很可能是因为无此需求。因此,一整套认知维度,也就是那许多对于美术和科学极为重要的镜子,在日本基本上缺席。在多种语境中,例如在神道教神社,镜子不是用来照见肉身凡胎的。镜子是一个圣物,人们透过它洞见灵魂。19世纪末叶以前,日本未曾开发制镜用的上乘平板玻璃。

令欧洲人印象至深的日本现象之一,是玻璃窗的不存在。19世纪末叶桑伯格注意到"他们先前不会制造平面的窗玻璃。此项技术他们最近才从欧洲人那里学来,……"所以"此地没有玻璃窗"。他同时注意到日本缺乏云母和珍珠母。相反,日本倒有木制和纸制的幕障。

有若干理由可以解释玻璃窗的缺席。第一,日本的气候总体上不需要玻璃窗,一年里有半载酷热而潮湿,玻璃窗会使狭小的室内非常压抑。在现代,只有靠空调,许多办公室庶几乎可以忍受。第二,日本的地质条件使玻璃窗十分危险,除非用韧型玻璃建造。在日本许多地方,大地都是日日小震、常常大震,早期的玻璃窗非粉身碎骨不可。还有建筑材料问题,弱不禁风的木头和竹子结构比不得欧洲的砖墙,不宜安装玻璃窗。窗户材料的选择也是问题。高级日本(桑)纸制作的滑动幕障既采光又挡风,是玻璃的替代佳品。另一个因素或许是费用。玻璃价格高昂,富裕的中产阶级家庭才用得起,直到近年,日本大多数民众才能负担玻璃窗。

日本的量词系统把物体划分成若干种类,其中一个种类的成员是用容器饮用的各类饮料,譬如水、酒、茶等等。其量词词尾是 *hai*,"表示盛装任何液体的杯盏"。实际上,令人吃惊的是日本没有玻璃杯。欧洲玻璃(在威尼斯以及别处)的主要发展项目就是延续罗马时代的用途,生产玻璃饮具。但是在日本,直到 19 世纪中叶以前,好像用玻璃杯喝饮料的现象基本上完全缺席。为什么如此? 这也有若干明显原因。

一个原因在于饮料的性质。威尼斯玻璃的开发,是为了盛装一种地位最高、人人皆饮的冷饮料,即葡萄酒。在北方诸国,啤酒是主要饮料,它不用玻璃杯喝,而用白镴杯或陶瓷杯喝。葡萄酒和玻璃杯似乎珠联璧合,人们喝起来眼嘴并用,玻璃杯增加了视觉效果。当然假若一个人大量喝热饮料,如热茶、热开水、热米酒,玻璃杯就是个坏容器,它会炸裂,更糟糕的是,厚玻璃杯(早期玻璃杯即如此)比薄玻璃杯更容易炸裂。

第二个显然相关的原因是陶瓷的发展。有了如此细腻的瓷器和如此美妙的陶器,谁还需要玻璃做饮具?确实也不大需要玻璃做别的什么器皿,玻璃瓶可用黏土做的罐子和碗盏取代。因此除了宝石仿制品和少量切割精细的萨摩器皿,日本未开发玻璃饮具或其它器皿。至于开发玻璃以辅助视力,即开发透镜、棱镜和眼镜,这个方向直到18世纪也没有值得注意的进展。

在日本,一如在印度和中国,我们称之为玻璃的这种材料,连同它的一切实用功能都渐渐湮灭了。玻璃几无用处,除非做成珠子、玩具和装饰品。唯美的和仪式性的用途吗?是。实际的功用吗?否。我们此前提出:在西方,玻璃的存在或缺席对于科学、美术和人格无意中造成了巨大后果。如果我们再提出:欧亚大陆两端发展出大相径庭的宇宙论和意识形态,部分地折射了一个事实,即该大陆的一边诞生的是一个玻璃的文明、另一边诞生的是一个陶瓷和纸的文明,似乎也不那么牵强附会吧。

描述西欧之外未曾发生的事件,这样的故事包含一个有趣的理论寓意。人类历史大部分时期都不存在开发透明玻璃的理由,因此,一本正经地论证为什么无色玻璃不发展是没有多少道理的。它就是不存在硬要发展的理由。只有当我们从自己的后世观点出发回顾历史,看到玻璃对西方世界造成了巨大的、而起初却很微妙的差异时，我们才奇怪为什么玻璃在别的文明中缺席。用后视镜书写历史自有风险。因为，若非可信知识在晚近已经取得了偶然的进步——其实是玻璃存在过程的一个意外表现，我们绝无一点理由惊讶为什么此前玻璃在印度、中国和日本不大发展。

直到最近数百年以前，玻璃的主要用途一直是做容器。中国人和日本人用黏土制造了极佳的容器，所以他们无论如何没有理由对玻璃锲而不舍。不仅消费大众有了取之不尽的陶容器与瓷容器因而心满意足，而且陶瓷制作者，亦即工厂与工人构成的庞大帝国，恐怕也不认为应该贬低自己的手艺，以便引进一项耗费燃料的（长时间保持玻璃的熔化状态，燃料成本高昂）新工艺，去生产一种既不大结实、美观与否也大成问题的东西。玻璃制造是一种很不一样的技术，叫另一个人群从头学起实在没有重大理由。在大多数文明中，玻璃主要用作彩色珠子，所以透明玻璃很长时期都没有明显用途，它后来才变成了人类以不同眼光看待世界的基本工具。因此，在某种意义上，东亚人为什么没有玻璃的问题不成立。

但是，如果我们说远东拥有相当不错的容器，这个说法仍旧暗示：欧亚大陆西端的容器是这样一种东西，别的新材料可以与之并肩发展。在谋取一方生存天地的残酷竞争中,西方陶业含有某种可以发展玻璃制造业的因素。个中奥妙或许在于陶器的相对质量,或许在于容器的不同用法(譬如盛热饮料和冷饮料),或许在于制陶工人的组织结构和社会地位。例如,倘若陶工社会地位比较低下,后来又面临来自中东的外国玻璃工匠的竞争——后者的社会地位和收入都很高,部分陶工就可能遭到淘汰或者改行。从另一方面看,谁都知道日本和中国的陶瓷工匠社会地位是很高的。

　　我们必须记住上述因素是相互纠缠的,因而故事更为复杂。东方陶瓷工匠社会地位较高,部分是其产品的优越性赋予他们的。产品的优越性又主要出于偶然。在相当程度上,中国陶瓷业之所以上升到如此卓越的地位,是因为中国碰巧存在两种不同材料。高岭土[①]和白墩子[②]贮量丰富,且互为近邻。高岭土塑成器物的主体,白墩子作溶剂,使釉上的色彩玻璃化,这样,就可以制作坚硬、密实而美观的半透明陶瓷精品了。陶瓷工匠信手拈来身边的黏土,不经意之间创造了我们称为"瓷器"[③]的一种奇妙东西。中国恰巧存在"天然"瓷,瓷的初始发现或

121

---

①　kaolin,一种瓷土。高岭,江西景德镇附近地名。

②　petuntse,一种瓷土;因做成墩子状以便运输,故名。

③　原文是在引号内特别用 china 一词表示瓷,取双关意,即"瓷器"和"中国(China)"。

许就是其结果。由此产生的陶瓷产品非常热销,欧洲人购买中国瓷器可谓所费不赀。物品如此精美,制作人得享崇高地位。

同一时期西欧却得不到质与量达到同样高度的这类材料。西欧倒有其它几种黏土,从中诞生了较为稚拙的制陶业。所以,哪儿能找到哪种黏土纯属运气。因此东西方发展轨迹的南辕北辙应该追溯到久远的年代,至少上溯到罗马时期。罗马以及受其影响的中世纪欧洲选择了粗陶和玻璃,中国和日本选择了精陶和纸。分殊一发而不可收,终致积重难返。如果有人问为什么中国人没有开发透明玻璃,他同样应该问一问为什么罗马人没有制造瓷器。哪些东西缺席或者哪些道路未曾选择,是在事情过后方才显得离奇古怪。事情虽不足怪,可是对于不同文明产生的效应最终却是无比巨大的。

第七章　东西方文明的碰撞

谁人具有全能上帝之法眼，

看英雄毁灭，看麻雀长眠，

原子和体系在废墟中抛撒，

破碎了泡沫，生出新世界。

亚历山大·蒲伯:《人论》

现在让我们看一看玻璃浸润的西欧世界于 16 世纪冲击亚洲之后发生了什么。印度的情况另当别论：最初，欧洲殖民主义列强逶巡过往，满足了印度人对镜子、眼镜之类精细玻璃的需求；然后，印度归并不列颠帝国，从而彻底摧毁了大规模独立制造玻璃的潜在可能。我们且看另外两个案例，它们显示，一些相当独立的东方文明本来已经走上了和西欧截然不同的道路，突然间，传教士和商人不期而至，带来了新奇的玻璃货品以及——如前所述——玻璃孕育的科学体系和艺术体系。就我们自诩的玻璃这种高级工艺而论，假如与中国和日本案例进行一番对比，我们将发现其发展过程和影响力具有更多的复杂性。

我们首先着眼相对简单的情况,看看西方玻璃工艺在公元 1600 年左右初抵中国的经过。虽然有迹象表明中国早已受到西方影响,但是突变一般归结于康熙皇帝(1661—1722 年)所为。他可能见到了呈上朝廷的西方玻璃制品,于是 1680 年代或者晚些时候在宫廷工场内设立了一个专业化的玻璃作坊,最初由耶稣会会士监理,采用的技术大多来源于欧洲。

很快中国人就开始制造美观而耐用的产品了。18 世纪的耶稣会作家杜赫德描述道:"他们逼真模仿所获之任意形状,虽前所未见亦无妨。现可制造钟、表、杯盏……不一而足,此等物品往昔他们既无概念,亦未尝制造其粗陋雏形。"近年的研究说明,这一时期的所有玻璃制品均产于同一地区,主要品种包括广口瓶、碗盏和杯子。后来康熙之子将玻璃生产迁往山东省,可能因为那里便于取得沙土、钾、煤和石英的缘故。1870 年传教士韦廉臣①过访山东,发现玻璃制造业"在当地被视为一项古老手工艺制式,主要居民区之内及其周边有若干熔炉,向北京经销商供应窗玻璃、大小不等的瓶子、花型不一的模制杯盏,以及提灯、珠子、饰物,并批量销售素色或彩色玻璃杆,可能用作灯具零件或装饰配件。"

---

①   Alexander Williamson(1829—1890),英国长老会传教士,1887 年在上海创办"同文书会"(后改名"广学会")。

玻璃工场迁离北京,中国的玻璃产地又好像仅限于一个地区,因此,18 世纪末随同马噶尔尼①使团到访的吉兰有理由描述玻璃制造业的凋敝。他注意到中国的玻璃多从西方进口,据他认为,这是因为 18 世纪末叶中国的玻璃生产已经停顿:"Pekin〔指北京,原文如此——作者〕②原有一玻璃厂,由若干传教士监理,现已荒弃,故中国不产玻璃。"但是中国利用玻璃:

> 广东艺术家确在竭力搜罗欧洲玻璃碎片,然后将之舂烂,置于熔炉再度熔化;熔化时吹成大球或气泡,尔后切割为形状大小各异的玻璃块,主要用以制作小镜子和几样玩具。这是中国人目前制造的惟一一种玻璃。倘若将玻璃吹成极薄……

他最后评论道:"以天然原料制造玻璃之道,他们似乎茫无所知,也未确知原料为何物。玻璃珠子和形形色色的玻璃钮子,均从欧洲的威尼斯等地进口。"玻璃制造业显然已经再次式微,虽然由于外国人理解这一庞大帝

---

①　Macartney(1737—1806),英国外交官,1793 年奉英国政府命,以庆祝乾隆 80 寿辰为名来华,要求增开通商口岸,给予租界,遭清政府拒绝。

②　Gillan 的原文将英文习惯拼法 Peking(北京)拼写为 Pekin,故本书作者特地标明"原文如此"。

国的种种困难，他们的记述不乏矛盾之处。

玻璃彩绘的历史也标志着中国 18 世纪玻璃制造业的凋敝。玻璃彩绘是在玻璃背面以精湛的画技和画艺作画，18 世纪成为中国贵重的大宗出口产品。彩绘技术很可能又是耶稣会会士传入中国的，用来彩绘的玻璃靠西方进口。

125　　欧洲玻璃测量仪器和视力辅助仪器造成的冲击如何，是一个格外引人深思的问题，它也关系到欧亚大陆两端可信知识发展的差异。1738 年杜赫德发表了依据一些 17 世纪信件和书籍原文编撰的耶稣会报告。为了满足康熙大帝的好奇心，传教士们炫示了他们的玻璃玩艺。"他们先令其一窥光学，呈览一硕大半圆柱，以轻质木材制成，轴心置有凸镜一枚，瞄准某物，管内则可显现该物之自然形貌。"

这只是西方发明物的一次展览而已。闵明我①神父——

　　于北京耶稣会花园展示光学奇迹再一例，帝国王公贵胄无不讶异万端。神父将一人形投影于四壁

————————————

①　Grimaldi(？— 1712)，葡萄牙道明会传教士，1658—1672 年在中国传教。

之每一面,人形与壁等高,得五十呎。谨守规程操作之,前方惟见山林、车辇与其它此类景物而别无其它。然自某一特定位置观测,则得见一人形,相貌堂堂,比例得当。①

玻璃仪器发挥了重要作用,镜子尤甚。"多有物体纷然难以入画,然则自某一特定位置观测,即清晰无爽。或以圆锥形镜、圆柱形镜及锥形镜观测,即秩序井然。光学奇迹无尽,闵明我呈中国精英人物一览之余,足令其既惊且羡。其余毋需赘述。" 126

其它一些玻璃仪器也在中国展示过:

至于反射光学,他们呈献皇帝各类望远镜及眼镜,助上观测天象地相、远景近物,使缩小放大、分散聚合。首先他们呈献一管状物,貌似八角棱镜,与地平线平行置放,可展现八景,栩栩如生,竟至疑之为真。此物加以各类油画,令龙颜大悦多时。尔后又呈献另一管状物,内设多角镜,以其多面撷取不同物体之部分,拼凑一图,此图非原画中之车辇、林木、牲畜等凡百物事,乃一人面、一完人或别物,极其清晰

① 此处描写的是西方多种光学幻术之一。下面的引文同此。

精确。

展示的还不止视觉仪器。"他们亦呈献皇上若干温度计,显现冷热度数。另加一湿度计,计量干湿度数……"这一切,得出的结论令传教士们大为满意,因为它阻遏了中国人的优越感:"此等人类智慧之结晶,中国人先前茫然不知,今其傲慢天性终有收敛……"

——   ——

127   就我们所指称的科学和艺术两个方面而言,影响欧亚大陆东西两端知识状况的,是玻璃科学仪器便利程度的差异。这一点,虽然似乎处处显见,但是很难加以证明,而杜赫德使我们受到一些启示。耶稣会传教士利用一些玻璃仪器表明了他们的知识更加卓越。除了以上所描述的,传教士还不遗余力地证明他们的天文学更加优越。杜赫德暗指中国的数学难望西方项背,而且可能与中国光学落后有关。"其几何学肤浅之至。他们不独不谙数学理论,即论证命题之所谓原理,亦不谙实际演算,即教导其运用原理解题之方法。"而且,"除天文学之外,中国人对数学其余部分一无所知。而其人之自察无知,自传教士首抵中国始,迄今尚不逾百年。"他还暗指视觉艺术包含的数学原理与玻璃有关,因为玻璃造成透视感。

这些说法非常有趣，即使有点夸张。

虽然杜赫德著作包含的暗示意义重大，但是他涉及的方面仅仅组成了玻璃画幅的一个部分。杜赫德很少影射其它许多重大发明。他既未暗指显微镜的作用，也未提及玻璃对化学的影响。而且他未能讨论中国此前若干世纪可信知识的状况。十分奇怪，中国人很早就在光学方面取得了可观进步，公认 13 世纪他们的光学技术与知识曾接近希腊人的水平，但他们就此驻步不前了。伊斯兰文明首先取得了光学突破，后来西欧继往开来，中国却未能取得这一突破。因此近期权威人士论断：中国古代光学建立在经验主义观察的基础上，缺乏抽象理论和量化分析。于是，当阿拉伯地区和西方基于玻璃仪器进行的试验产生了成果，并从 17 世纪开始输入中国之后，中国传统光学的根基发生了变化。

我们再看一看日本案例，会发现西欧玻璃技术的冲击力在这里峰回路转。它说明了三种情况。第一，它证实耶稣会会士抵达之前中国不存在玻璃科学仪器。因为日本在技术方面十分依赖中国，并迅于效尤中国，假若中国大规模存在玻璃仪器，日本一定会进口。而玻璃是葡萄牙和荷兰等国的西方人带到日本的。这进一步证明中国未发展玻璃。

第二,它使我们推断出,改变一种知识型文化传统仅靠工艺产品是不够的。在中国,耶稣会会士以其奇技淫巧造成的冲击几乎等于零,钟表和玻璃工具主要当作稀罕物件保藏于博物馆,几百年简直全无影响。但是,日本人若干世纪以来一直敏于从中国巨邻进口新思想和新技术,这可能部分地解释了为什么日本人对西方玻璃仪器如此着迷,并迅速吸纳,由此改变了他们对世界的认知。

129 此外,蒂莫西·斯克里奇①最近细致研究了日本案例,具体涉及玻璃科学仪器问题。他资料翔实的例证使我们有幸深入了解到,西方知识积淀是过去几百年间的一个潜移默化过程,日本的表现形式却不同。碰撞是激烈的,持续时间相对而言是短暂的,因此某些特点鲜明而突出。同时,不同视觉知识体系的碰撞还提示人们,玻璃不发展与技术能力毫不相干。日本人一发现玻璃有用,立刻造出了绝妙的玻璃,犹如他们早先造出枪炮一样。

日本的技术能力表现为:只要有必要,就能将玻璃运用于任何目的。例如,一旦需求科学仪器,制造科学仪器就不在话下。据1790年代桑伯格观察:"他们照样懂得玻璃研磨术,并用以制造望远镜,为此目的他们购买荷兰

---

① Timothy Screech,见本书"参考书目"。

镜片。"至于显微镜,据斯克里奇描述,它在日本立即成为西学(*Rangaku*①)的象征,从 17 世纪开始进口,被日本人称为 *mikorosukopyumu*②。一位窥望过显微镜的日本人准确描述了他的惊异感:

> 我们把焦距对准几样东西,在镜头下观察。细枝末节清晰无比。可看到盐晶体具备六边形,荞麦面(即使筛得最细)呈三角形。蜡烛芯犹如丝瓜,霉点状若蘑菇;水像大麻叶,上有图案;冰呈网络状图形;米酒恰似沸水,泡沫翻腾不已…… 130

在日本如同在西方,显微镜的框架和焦距使现实表象之下的一个无形世界兀然显现出来。早期显微镜经常在街市上展卖,使用说明书以日文印行。

　　玻璃在日本日益用于化学,制造成曲颈甑、碟子、长颈瓶和试管等,还用来贮存标本。据说外表像是用于科技的器皿一概叫作 *furasuko*(flasks③),圆形器皿叫作 *koppu*(cups④)。日本人与众不同,对于玻璃,他们迅即

---

①　日文音译:兰(指荷兰)学。
②　来自英文 microscope。
③　英文:长颈瓶。日文采取了它的音译。
④　英文:杯子。日文采取了它的音译。

从好奇和迷惑转向了物尽其用。据一位18世纪日本作家观察,"起初这种材料因其流光溢彩而受人青睐,尔后人们省悟,玻璃不应限于制作玩物。于是瓶瓶罐罐制造出来,用以储物。物品存于玻璃,可长期保持原有性状(*honsei*[①]),药物和香料可隽永流芳。"此外玻璃也用来制造眼镜,戴眼镜的日本人越来越多,虽然眼镜导致鲁莽直视他人,干犯了日本礼貌。

如果认为一切精确的科学艺术知识均依存于玻璃,那当然是愚蠢的。古代中国14世纪以前可信知识蔚为壮观,李约瑟[②]等人已有翔实记载。磁指南针、四分仪、星盘,甚至机械钟,都不需要玻璃。然而同样无可争议的是,没有玻璃这神奇的物质,许多道路就会堵死。对玻璃的反应,日本人热情如沸,中国人似温吞水,充分说明玻璃的使用取决于隐性的文化因素和社会因素。毫无疑问,亲历16—19世纪东西方文明大冲撞并将其记录在案的人们,全都见证了一桩史实,即:日益为玻璃所主宰的西方世界如何遭逢已经最终放弃使用玻璃的东方文明。满清的达官显贵簇拥在耶稣会科学仪器和透视绘画周围,那吃惊不浅的模样不啻一幅缩影,说明欧亚大陆两端

---

① 日文音译:性质,性状。

② Joseph Needham(1900—1995),英国著名科学家,中国科技史大师,撰有《中国科学技术史》。

已经背离得多么遥远。

中国和日本的美术史也能反映欧亚大陆两端的南辕北辙以及后来的剧烈冲撞。苏立文①所著《东西方美术之相遇》一书揭示了后文艺复兴时代西方美术与东亚美术的差异。我们认为，透视画法和写实画法的变革仅仅发生于玻璃产品稀松平常的地区，而非发生在中国和日本，这不仅是一个巧合。

苏立文引证了不少西方早期游客的记述。9世纪过访中国的一位阿拉伯商人报告说："中国人或许属于少数得天独厚的上帝之造物，上帝赋予其最高水平的绘画技巧和制造技术。"13世纪马可·波罗也注意到一座堡寨 132 厅内装饰着"统治该省的历代君主之画像，笔法可惊可羡"。五十年后伊本·拔图塔②写道："中国人在全人类中拥有最伟大的艺术技法及品位。这是普遍认可的事实，有关书籍汗牛充栋，论之甚详。至于绘画，无论基督教国家或别国，无人堪与中国人比肩，中国人的美术天赋卓尔

---

①　Michael Sullivan，见本书"参考书目"。

②　Ibn Battuta（1304—1369），阿拉伯地理学家、旅行家，元代曾来中国旅行。

不群。"不过苏立文注意到,拔图塔描述的并非文人骚客的绘画,而是边陲画坊专职画匠的作品,这些画匠靠着为外国客人摹画肖像挣钱。

先于文艺复兴,东方画技便已经了解文艺复兴美术所使用的某些主要技法。中亚古代佛教绘画包含用双色调营造立体效果和以明暗法营造立体感,中国和日本在一定程度上加以借鉴,但是总不免把这些画法视为外国的奇技淫巧。后来佛教势力衰落,东亚美术边缘作品中明暗法和透视画法的要素也随之淡化。12世纪初叶中国有一幅举世闻名的画作,是一个极其突出的例证,说明与欧洲文艺复兴时期的发明相去不远的一些画技是如何凋落的。

公元1100—1130年间张择端的风景长卷《清明上河图》具有浓重的写实风格,画中出现了透视缩短、明暗法、渐淡的地平线。空间是三维的,不过景物表现得像是眼睛移动之所见,而未采用西方所发明的固定单一透视点。然而,就连这样一点透视趋势都遭到了抛弃。写实的油画作品也有例证,如8世纪玉虫厨子的装帧画,可是也遭到了抛弃。写实的和镜子般的美术作品被视为粗鄙庸俗,文人画家不宜。中国画家龚贤①(1619—1689年)解释过

① 字半千,著有《草香堂集》、《画诀》等。

图 10　松岩图

　　这两幅画,作于《清明上河图》后数百年,画中写实手法大为减少,想象和象征的表现手段有所增多,因循着《清明上河图》之后发展起来的程式化传统。《清明上河图》是现场写生;这两幅画是凭记忆完成。《清明上河图》前景和背景的描绘同等细致;这两幅画着力表现前景,背景则是一片朦胧,体现了后期中国画的普遍特点。《清明上河图》的作者须得视力不错,看得见远景;这两幅画的作者可能是近视眼,作画之前从近处看过类似的画。

其中差别，柯律格[①]的引文如下：

> 古代有图而无画，图描物、写人、记景。画则无
> 须求实……[作画时]以精良毛笔和古墨画于陈旧纸
> 张上。[画中]景物为云遮雾障的山林、嶙峋的怪石、
> 清冽的瀑布、木桥和山居。人物[在画中]可有可无。
> 执著于具体对象或者表现具体事件均为下品。

因此，绘画的目的不是忠实表现自然世界，而是传达某种深刻的精神本质；绘画思想不是模仿自然，而是以美术为手段，通过象征符号与观者交流心灵和感情。

17 世纪伊始，当大名鼎鼎的传教士利玛窦[②]将文艺复兴美术作品带到中国的时候，中西双方人士都大吃一惊。苏立文援引利玛窦的感受道："中国人广用绘画，竟至用其于手工艺品。然而制造手工艺品尤其制造雕像塑像之时，浑然不知欧洲人所用技法。他们全然不谙油画艺术，亦不知将透视施于画作，故其画作匮乏活力元气。"

---

① Clunas，见本书"参考书目"。此段见龚贤癸未年画跋，原文云：自董以前有图而无画。图者，以人物为主而山水副之；画者，则惟写云山烟树泉石桥亭扁舟茆屋而已，后来士大夫争为之，故画家有神品、精品、能品、逸品之别。能品而上，犹在笔墨之内，逸品则超乎笔墨之外。

② Mattoe Ricci(1552—1610)，意大利天主教耶稣会传教士，明末来中国传教，介绍西方自然科学，著有《天学实义》等。

利玛窦的观点不免妄自尊大之嫌，但他逝世后，顾起元[1]在 1618 年出版的一本书中进一步介绍了他的观点。据柯律格援引，顾起元描述了利玛窦带去的一幅画："画以铜板为幀，而涂五采于上，其貌如生，身与臂手俨然隐起幀上，脸之凹凸处，正视与生人不殊。"问及画面何以达到这种效果，利玛窦回答：

> 中国画但画阳，不画阴[2]，故看之人面躯正平，无凹凸相。吾国画兼阴与阳写之，故面有高下，而手臂皆轮圆耳。……吾国之写像者解此法，用之故能使画像与生人亡异也。

据苏立文引文，一个世纪后姜绍书[3]评论同一圣像说，它画的是"女人抱一婴儿。眉目衣纹如明镜涵影，踽踽欲动。其端严娟秀，中国画工无由措手"。

　　然而利玛窦未能说服中国的文人骚客改变其古已有之的传统，而且他们好像压根就忘记了这段插曲，否则无法解释大约七十年后耶稣会传教士向中国皇帝呈献画作时引起的惊异之情。杜赫德描述道：

---

①　顾起元(1565—1628)，明代诗人、书法家，著有笔记《客座赘语》等。

②　这段文字中的"阳"和"阴"分别用英语音译 *yang* 和 *yin* 表示。

③　明末清初人，著有画史著作《无声诗史》。

136　　　　　亦未忘记介绍透视画法：P.布鲁格里奥呈献皇上三幅恪守透视法则之图画，另在北京耶稣会花园展览其复制品。满清帝国各方官员皆异之，乃聚汇京城以观，一见无不愕然，无从揣度以平面画布，高堂柱廊及街道马路何以延伸至眼界尽头，且画面栩栩如生，骤见之下足以乱真。

中西美术传统显然存在霄壤之别，中国专家也深深认识到这一点。例如，据苏立文引述，18世纪初叶山水画家吴历[①]议论中西美术差异道："我之画不取形似，不落窠臼，谓之神逸。彼全以阴阳向背，形似窠臼上用工夫。"

138　但是又一次，西方美术说教热潮的效果几乎为零。写实画法、透视画法、明暗法流落到低层画匠手中，文人骚客却反应冷淡。17世纪末叶至19世纪中叶他们一直漠视西方美术传统，宫廷画家邹一桂[②]曾总结西方美术的致命伤，据苏立文引文：

　　　　　西洋人善勾股法，故其绘画于阴阳远近不差镏黍。所画人物屋树皆有日影，其所用颜色与笔，与中

　　①　1632—1718，字渔山，常熟人，擅画山水，1682年加入耶稣会，担任传教士。
　　②　1686—1772，字原褒，号小山，擅画花卉，著有《小山画谱》等。

图 11 德文特湖景两幅

　　这两幅表现湖光山色的风景画,作画视点相同,表现远景的手法却大相径庭。中国画家墨守中国成规,画出了模糊不清的程式化背景,而许多中国观者也会如此这般地"设想"背景。

华绝异。布影由阔而狭，以三角量之。画宫室于墙壁，令人几欲走进。学者能参用一二，亦其醒法，但笔法全无。虽工亦匠，故不入画品。

苏立文评论说："中国名士派画家致力于绘画、诗词和书法的三重结合，而写实油画需惨澹经营，与美术何干？"

中国的墨守成规在很大程度上与西方早期的中世纪美术情况相仿，它说明，如同西方自乔托至列奥纳多的那段过渡时期一样，需要一种力量来彻底改变美术传统。倘若西方光学缺乏那些依靠玻璃取得的进展，西方照样不会发生美术革命——这种说法似乎算不得无稽之谈。

❧　　　❧

日本美术传统和中国美术传统一样源远流长，可上溯十五个世纪之久。日本古典美术也像中国美术一样，不崇尚写实，而致力于以象征手法传达深邃真理。亨利·鲍伊①鞭辟入里地描述了日本绘画的许多主要特点。日本画家的宗旨不在"照相式的精确和分散注意力的细节刻画"，他们画心之所感，而非眼之所见。虽然经常鼓

139

_____

①　Henry Bowie，见本书"参考书目"。

励画家洞烛幽微，如研究昆虫、花卉、禽鸟、鱼之类，但是这些观察对象其后便浑然没入一套标准化的画技中，无意再现大自然的实际景观。

条条框框不胜枚举。风景画里面的低矮群山暗示距离遥远，所以富士山不可画得太高，以免近而不逊。巉岩礁石之类画技共有八法，衣衫及其襞褶和线条共计十八法。照章作画显然严重束缚了画家手笔。自然世界本来提供了线索，但是绘画的惟一存在形式是严重地因袭各种成规定律。

绘画的媒质为水墨，是日本画作的又一层束缚。柔软的毛笔，画在非常洇水的纸张上，所以必须快速运笔，事实上绘画很难与写字或书法区别开来。画架是不用的，画家席地而坐，面对铺展在软性材料上的纸张或丝绢。鲍伊描述一位画师的手笔如下："山水画的一般规则是最近的最先画，最远的最后画。久保田画起来游龙走蛇，饱含墨水的毛笔时而在 *sumi* ①中一蘸，随着 *sumi* 渐淡渐尽，便获得了近景、中景和远景的适当透视效果。"这与西方的油画毫无共同之处，因为西方油画允许改正错误和添加细节。

日本绘画不仅需要毫不踌躇、疾笔如飞，而且是凭记 140

---

①　日文"墨"的译音。

忆作画，与现实无干。雷茂盛[①]在中国生活多年，他描述说，中国风景画家不写真，"他们只是四处徜徉，或静坐冥想，然后回到画室，既无素描也无草图地开始作画"。这或许给贡布里希在《艺术与错觉》一书中讲叙的故事铺陈了部分语境："詹姆斯·郑教一群受过不同流派训练的中国人绘画，他告诉我，一次他带学生去一处名胜写生，那是北京的一座古老城门。作业把学生们难住了，最后，一名学生请求至少给一张城门的明信片，好让他们有东西可临摹。"

　　西方写实主义的几何透视美术，连同其明暗效果和对于细节与比例准确性的考究，就是被西方来客带进了这样一种古老美术传统中。然而，日本人的反应与中国人可不一样。日本人承认自己的高尚美术与西方文艺复兴画风判若云泥，同时他们比中国人更为西方画技所吸引，并且时时成功照搬。

　　苏立文举出了日本画家透视绘画的一些成功例证。18 世纪晚期古碉对西方写实主义心醉神迷，甚至制作了 *camera obscura* 辅助创作透视画。他写道："谨守中国正统画法，是画不像富士山的。"办法只有一条。他断言，"精确摹画富士山的办法"，"就是采用荷兰画法"。18 世

---

①　Otto Rasmussen，见本书"参考书目"。

纪透视画作在日本非常流行，突出的例证有日本两位声 141
名赫赫的画家喜多川歌麿①和葛饰北斋②的一些作品。

　　既已列举若干原因解释欧亚大陆两端的发展殊途，
故事便可告一段落。中国和日本绘画的宗旨，其实是创
造一个平面，传达象征符号式的深邃的涵义，而非造就一
面照相机似的镜子，去反映大自然的外在形貌。绘画材
料是吸水力极强的纸张和饱蘸墨汁的如椽之笔，有利于
依据记忆和定式行云流水式地运笔作画。关于如何达到
绘画效果的这些传统定式，画家和观者两造都很熟悉，它
们规定了画什么和怎样画。或许这一切已经很能说明问
题了。看见定式，等于看见画作。毕竟，14世纪以前正是
类似于此的宗旨、技法和定式主导着整个世界，西欧也未
得免，它们完全可以解释现存于世的那些古代美术作品。
毋须赘言，希腊人和中世纪圣像画家如此这般作画，并不
是因为他们的眼睛有什么蹊跷。

　　不过，在中国可能还存在一个几乎隐形的因素。它
一向隐而不彰，是由于过去人们认为不大需要提及，因为
一切原因似乎已经昭然若揭了。然而，与其它因素并存

---

①　Utamaro(1753—1806)，日本浮世绘画的代表画家。
②　Hokusai(1760—1849)，日本浮世绘画的代表画家。

的,或许还有一个补充的或次要的因素。雷茂盛提出:"中国画家多为风雅的诗人或哲人……他们宁画神韵而不画俗物,这一论点并不足以全面解释其画作一成不变的模式:照相机一般精细的前景加虚无缥缈的背景。"他注意到,中国画家"对近景精描细画,对远景多少有点含糊其事"。如果试用什么"精神印象主义"的观点加以解释,将"无法解答他们为什么能够、或者为什么希望'记住'并摹画众多近物,而且如此物质主义地表现细节;也无法解答为什么他们的唯灵观差不多固定地局限于表现远景,而不涉及近景"。

雷茂盛的言下之意饶有趣味:这批雅士鸿儒实在是不得已而为之啊,他们大多是厉害的近视眼,所以,既然眼镜尚未发明出来,他们也就无法像凡·艾克和列奥纳多那样作画,哪怕他们心向往之。

他的观点值得深思,不可当作奇谈怪论而贸然置之不理。如果一个人近视,或者不近视而戴上仿近视的眼镜,他就可以看出,近视眼能够作画的惟一方式正是中国画家实际作画的方式。他只好差不多完全依赖记忆或心灵之眼,通过一种程式,凭借标准化手法表现(影影绰绰较为适宜)大而化之的景物。惟一可行的办法是走到非常靠近具体景物(或其它画作)的地方去,然后再回到画室书斋,根据记忆动笔画画。要画的东西只好是一幅理想的蒙太奇,其中细致入微地表现了昆虫、花卉或者人物。而且,如果他有一个大卷轴要画,却又只看得清大约十时光景,他笔下的远景部分早该朦朦胧胧了。当画卷展开(不像西方挂在墙上)之后,如果观画的高尚君子也是近视眼,便在画里看到了亲身的体验——细致的前景,模糊的背景。很可能他其实看画也看得不大真切,这样,就给一位老画家的抱怨增添了一个妙解。据比尼恩[①]援引,这位老画家说:"人们以耳听画,不以眼观画。"

中国和日本绘画以朦胧处理中景远景的奇特画法著称于世,在这个意义上它与伊斯兰或拜占庭等其它伟大美术传统迥然有别。它具有神秘莫名的典型风格,文人画家们似乎又常患近视眼,这一暗合意味深长。两者的关联程度,显然取决于能有多少证据表明中国和日本近视眼人数格外众多。如果证据确凿,东西方景观分殊的故事将会增添最后一个奇峰突起的变化,因为这样的证据说明东方人的视力观看远景时面临严峻挑战,也就可能进一步证实西方人的视力被眼镜所强化。我们将再次注意到,广泛使用玻璃的文明和很少使用玻璃的文明之间存在着比较性的差异。

① Binyon,见本书"参考书目"。

第八章 眼镜与视觉困境

人类为何没有显微镜般的双眼？

人非虫豸呵，这道理多么明显。

试问那精密的光学派什么用场，

探究幽眇吗，而非是了解天堂？

亚历山大·蒲伯：《人论》

　　许多人年近五旬或进入五旬，知识见解达到鼎盛年代之际，竟发现不戴眼镜就不能继续阅读了，这真是人生的一个讽刺。他们只好把读物拿得离眼睛远远的，最后远得连字迹也辨认不出。15世纪以前，这是一个严重的障碍，官府和商号尤其深受困扰，因为它们最精通文牍和会计知识的雇员由于视力衰退的缘故不得不退休了。虽说印刷革命普及了书籍，满足了人们的学术需求和鉴赏需求，但是视力残障问题也变得更为严重。所以大家或许不会惊讶，为什么正是在财富和官僚制度日益扩展的时期，眼镜制造工艺迅速发展起来。用两片双面凸镜制成的架在鼻梁上的老花（老视）眼镜，大概是公元1285年前后在意大利北部发明的,嗣后一个世纪,其用途迅速传播开来,早在 15 世纪中叶谷登堡①发明金属活字印刷术之前半个世纪,眼镜已经是欧洲的普通生活用品了。

　　西欧眼镜的发展产生了巨大效应。由于发明了眼镜,专业工作者的智力生活延长了十五年,甚至更久。常有史家指出,14 世纪发轫的知识复兴很可能与此有关。如果没有眼镜,彼特拉克②等文学大师的很多晚期作品就无法完成。经常从事近距离精细作业的手工艺匠人,其活跃的创作生涯差不多延长了一倍。从 15 世纪中叶开始,眼镜的效应不仅表现在多方面,而且,与此相关的活字印刷术这一技术革命,反过来又加速了眼镜的效应。上了岁数的人需要阅读金属印刷的标准型号字体,这显然成为新的动力,迫使眼镜迅速发展和普及,而眼镜的存在又鼓舞了出版商,让他们确信读者群在扩大。

　　发明和普及玻璃透镜制作的眼镜,似乎势在必行甚至不可避免,但是让我们走出西欧遥望东方吧。一旦我们检视东方的情景,我们将遇到一个真正的困惑。就我们所知,最早上溯到大约 17 世纪以前,在欧洲以外地区,玻璃

―――――――――――

　　①　Gutenberg(1398—1468),德国金匠,发明活字印刷术,排印过《四十二行圣经》等书。

　　②　Petrarch(1304—1374),意大利诗人、学者、欧洲人文主义运动的主要代表,著有《抒情诗集》、《非洲》等。

眼镜没有发展成气候。在伊斯兰诸国，在印度，在中国和日本，人们对西式眼镜简直一无所知，直到 17 世纪欧洲人开始引介它们。为什么眼镜的发展大约四个世纪之久仅限于欧亚大陆的一端？这里有若干论点。其中一个是，至少中国人掌握着一种可资利用、并且确实偶一为之的天然替代物质，即晶体石英。不过，即使这稀有的石英眼镜也没有做成透镜，它们只是厚厚的平板，用来护目而已。

146

　　为了探究这难以理解的缺席，我们不妨关注一下日本的情形。日本人从中国邻居那里获得了概念，将两片装置在金属丝上的石英架在眼睛前面。早在 8、9 世纪日本人已经制作了精美的玻璃吹制品。今天，许多日本人佩戴眼镜或隐形眼镜，人数可能位列世界之最，这可不见得说明是最近忽然变得如此的。当初眼镜能够大规模生产后，便立即风行日本。游客伊莎贝拉·伯德①从一个侧面描述了 1880 年代的情况，读来非常有趣："日本整个警察部队人数为两万三千名受过教育的青壮年，如果说他们 30％都戴眼镜，实在不算诋毁眼镜的用途吧。"可见 19世纪后期日本的眼镜需求量非常大。而且我们知道，日本眼病流行，也盛行眼睛护理，老是清洗眼睛。然而就我们所了解的，19 世纪之前日本人简直不使用眼镜。于是

---

　　①　Isabella Bird，见本书"参考书目"。

我们便遇到了一个令人困惑的问题：为什么日本未开发眼镜？

这个难题把我们引向了中国，因为 19 世纪之前日本的重要技术大多是从中国照搬的。涉及玻璃材质双透镜眼镜的最早论述来自明代文牍（15 世纪中叶至 16 世纪），其中提到西方舶来品。更早的资料提到暗色材质的（往往是"茶色"水晶）眼镜，用以保护眼睛，防御强光和灰尘，或者治疗眼疾（当时认为石英具有神异功力），或者法官戴起来在出庭的诉讼人面前掩盖情绪反应。自 17 世纪中期，用玻璃制作的眼镜才比较普及起来。

18 世纪末叶以前，眼镜在体现身份和护目方面的重要意义，一直不下于矫正老花眼的作用。偕同 1793—1794 年马噶尔尼使团赴华的吉兰在其记叙中体现了这一点："中国人大量使用眼镜……眼镜皆以天然水晶制作。"他继续写道："我察看过许多准备配用的抛光镜片，看不出外表有何差异，我看它们皆是平板，两面水平。工匠似乎全然不懂光学原理，俾以制造各种形状，供应各类弱视需求。"

1868 年传教士韦廉臣观察过山东省采用天然水晶制作眼镜的工艺。20 世纪初霍梅尔①援引韦廉臣著作道：

①　Hommel，见本书"参考书目"。

"在青岛,我听说遐迩闻名的耶拿蔡斯光学公司一直从同一产地获取水晶,制造光学仪器。"霍梅尔补充说:"直到近期,中国眼镜匠人才改革手艺,引进外国方法,先验光,再根据检验结果配置透镜。"他奇怪:如果欧洲玻璃眼镜确实是 15 世纪引进中国的,为什么"中国人采取了偏激步骤,放弃利用玻璃制作透镜,反倒以一种很不适宜的材料取而代之"? 这里隐含着又一个谜。既然中国人了解一种材料的护目作用,而且据李约瑟说,他们也知晓透镜的放大功能,他们为什么还要等着从西方舶来放大镜的概念,而一朝有了眼镜为什么又不充分利用呢?

19 世纪末雷茂盛在中国长大,看见上海的盲丐们感触至深。中国沙漠的强烈日照曾使他罹患短期日盲。他在美国接受眼外科培训,从 1908 年开始他在中国进行了二十五年研究工作,他以长期积累为基础,对中国人的视力问题作出了最权威的描绘。

他认为,中国未能发展用于眼镜的透镜,以克服视力疾患,一部分原因是中国未发展玻璃。假若中国人从很少使用玻璃的状态,蓦地跳跃到我们在西方见到的那种透镜的试验,倒要叫人奇怪了。他的解释可能很充分,不过我们仍旧希望探究一种很不寻常的补充性假说,此假说在雷茂盛著作中也有暗示,只是他本人未加明确联系罢了。

这里要更加密切地观察一下眼睛必须阅读的目的物是什么性质,进入视野的物体有什么不同。论及视觉对象,值得回忆一下欧亚大陆两端印刷术的差异。中国和 149 日本采用木版印刷,它们便于制成不同型号,并可随时刷新。然而,西方发展的是昂贵的金属印刷,结果印出了无以数计的书籍,这些书籍通常比较粗糙,体积小而标准划一,上了岁数的人不戴眼镜很难阅读。

当然,这些说法造成一个大推定:欧亚大陆两端当时的视力困境属于同一性质,即老视,也就是年届四旬中期之后逐渐丧失看见近物的能力。这一推定需要验证。我们知道老视当时确实是西欧的主要问题,现在仍旧是。但是,假若它不是东亚的大难题呢?假若东亚的主要问题恰恰相反,是近视(远视能力下降),倘真如此,则眼镜的发展就会受到强烈影响。

近视症候一般从童年时期 4—10 岁之间开始显现。可见需要制造眼镜、治疗近视的是相对弱势的群体(儿童)。而且,就阅读或其它近距离作业而言,制造眼镜似乎并非必要,只要把东西尽量凑近眼睛,困难便可克服。此外,矫正近视的凹透镜比凸透镜要难以研磨得多。在制造老花眼镜之后大约二百年,西方才发明近视眼镜。

图 12　近视凹透镜

　　近视凹透镜的最早图画,扬·凡·艾克绘于 1436 年。凹透镜是在远视凸透镜发明大约一个半世纪之后在欧洲研制的。

况且,随着孩子长大,视网膜伸长,近视可能部分自愈,视力恢复正常。因此,在一个主要困境是近视的文明中,眼镜极不可能发展。

对于主要罹患老视的人群,情况正好相反。典型的 151老视 40 岁左右开始发生,此时正值人生盛年。该年龄段的人群最可能具备政治能力做官或干其它事业,也很可能具备财力投资眼镜。他们需求的凸透镜,比必须从中央向外磨薄的凹透镜要容易研磨得多。而且,解决远视患者或老视患者的问题也并无良策,他们看东西要么凑近而模糊,要么拿远而无法解读。日本和中国非凡的高比例近视患者遭受了同样的痛苦吗?

雷茂盛多年从事中国眼科研究的发现令他大吃一惊。他概括四分之一世纪的研究结果说:"古人制作的全部透镜仅 20％用作老花眼镜,今人数量相仿(不包括高度散光镜)。问题在于其余 80％,其中 65％用于近视眼镜,15％用于平光眼镜和治疗眼疾。"

将中国的检查结果与其它国家作一番比较,便可体现中国近视率之高。1930 年一位中国专家公布了最近两年北京 569 名中国居民和 568 名白人居民视力检查的数据。接受调查的中国人大约 70％患近视,外国人仅 30％。中国人近视度数也比外国人高得多。很可惜,雷茂盛没有具体说明"中国古代记录"的来源和日期,但他确

信"近视是而且若干世纪以来一直是"视力疾患的最大原
152 因。他相信,"很可能全国将近四分之一人口过去是、现在
可能仍旧是近视眼。人们配戴的眼镜 75% 是近视镜"。

　　雷茂盛提供的中国近视患者以及暗指的日本近视患
者的早期统计数字,可与近期数据进行一番对比。1980
年眼外科医生帕特里克·特雷弗—罗珀①提出,西方国家
近视比例约占总人口的 15%—20%,而中国和日本近视
比例高约四倍,达 60%—70%。英国近视发生率的一份
近期图表显示,十七岁以前发生率为 15%,最高峰值在四
十岁前后,接近 30%。比较之下,远东要高得多。专家提
到,台湾的中小学学生 85% 是近视眼。记录在案的一个
最高比例是新加坡,那里验出 98% 的医学院毕业生患近
视。根据 1999 年 4 月对一位东京眼科专家所隆志大夫
的采访,十一岁左右儿童 30% 患严重近视,至十五岁比例
上升到 50%,至十七岁进入大学时上升到 70%。鉴于还
存在高比例"晚发近视",看来日本成年人大概 80% 患有
严重近视。

　　事实非常清楚,日本、中国台湾地区和新加坡近视患
者比例极高,人们不免怀疑中国大陆也不例外。这种现
状表明,近视很可能一如雷茂盛所称,是 20 世纪东亚大

————————————

　　①　Patrick Trevoe-Roper,见本书"参考书目"。

部分地区的主要视力困境。

　　比较棘手的问题是了解这种状况始于什么年代。除 153
了很难获取过硬证据外，另一重困难是如何确知比例是
否在发生变化。1920 年代中国的近视比例仿佛很高。这
是一个长期演变过程吗？变化什么时候开始的？我们将
通过两种间接方法继续讨论，两者都不完全令人满意，但
是至少提供了旁证。我们必须确定造成目前东亚高比例
近视患者的可能原因。如果能够发现这些原因，我们就
可以检验它们在更早年代是否也存在。如果存在，便有
理由提出近视疾患很可能那时就蔓延了。另一种方法是
迂回途径。学者已经大量思考普遍近视对于个人（"近视
人格"）以及在更宽泛的制度和文化层面产生的效应，我
们不妨寻找这些效应。第二种手段也很重要，因为它有
助于我们实现更大的目标，了解不论凭藉玻璃还是其它
工具，人类视觉的变化如何塑造了不同的文化，又如何受
到文化的塑造。

　　解释近视成因的一个主要论点是遗传学。遗传与近
视显然有一定关系。已知某些家族易患近视、另一些家
族易患远视，这并不奇怪，因为眼睛的形状和大小就是遗
传的。很遗憾，遗传论的局限在于，遗传往往与家族生活

方式纠缠在一起。调查表明同卵双胞胎并非总是同罹近视，说明情况是复杂的。

　　遗传论经历过一次特别有趣的考验，是对加拿大因纽特人进行的一项著名研究，研究表明遗传并非症结之所在。对三代因纽特人的眼睛作了检测，老一辈仅 5％ 显现近视症状，他们的孙辈却有 65％ 眼球拉长。研究还表明，上一辈近视率为 2％，下一辈增长到了 45％，而饮食和生活方式并未发生任何显著变化。惟一的变化是教育程度，说明阅读导致的视疲劳是更加相关的因素。

　　解释近视流行的另一个论点认为，营养不良导致弱视可能是一个主要的背景原因。雷茂盛早已在他的小册子里写道，中国盲症和眼疾的"首要"原因是"营养不良，因为中国食物缺乏维生素 A"。雷茂盛为了完善其研究，检视了地域性近视发病率，发现虽然中国所有地区的近视率都很高，但是"最高的是扬子江流域和华中地区"。他怀疑，在这些地区，是否"由于种植稻米和蔬菜等原始农耕方式，比其它地区更加穷竭了扬子江流域的土壤，产出的粮食更加低劣"。他认为，该地区的蔬菜"比起西方的或者进口中国的同种蔬菜，食之无味，不能一快朵颐"。

　　小册子结尾处，雷茂盛回到同一主题，他提醒读者注意，由于人口增长，小块土地又被二度划分："随着这种局面演化，土地耕作过度，肥力不足。"雷茂盛总结道，他现在推测的现象可追溯到一千多年以前，"在这样的环境下，除了谷物、块茎作物以及供应内需的所有农作物化学成分和营养价值下降以外，不可能有别的指望"。接着他提到"现代西方和中国的医学家及农业专家提供的证据，证明食物中匮乏维生素，成为疾病的元凶，数以百万计的中国人因此致盲或视力减退"。如果近二十年情况确实如此，他询问可以追溯多久："我认为，在长江流域更古老的、人口更稠密的地区，至少一千五百年以前问题就一定在恶化了。"

可以对雷茂盛的提法作出几点评论。第一，缺乏维生素 A（再加上缺钙等等）确实严重影响视力，这是不存异议的。对维生素 A 的影响有过多方研究。维生素 A 可从动物肝脏、蛋类、黄油、牛奶和奶酪，以及脂肪肥厚的鱼类和某些黄色蔬菜中获得。以素食为主的饮食传统不常包含这些食物，通常连鱼的成分都少见。况且维生素 A 极易遭到烹饪破坏，有人提出以油煎为特色的中国烹饪可能就有损害。中国古代饮食习惯我们知之不详，不能草率置评。但是，如果维生素 A 的主要来源确实是动物，那么我们不难看出，中国人日益以稻米蔬菜为生，减少荤腥食品，完全可能造成了莫大后果。

然而，问题在于我们讨论的是一个多方面因素复杂交错而造成的后果（近视）。营养的影响，无疑又与遗传因素以及近距离作业引起的视疲劳互动生效。日本的现状可资证明。目前日本中小学生近视比例高得惊人,但是学生们享受着免费的课间牛奶,而且如今也吃大量的肉类、奶酪和蔬菜。人们不免揣度,维生素 A 缺乏的情况总可以排除了吧。现在显然可以排除,但在往昔,维生素 A 缺乏仍然可能是一个重要因素,与其它因素一起导致了视力减弱,造成在黑暗教室里阅读困难、近距离作业质量下降。下面即将讨论,虽然如今的食物更加富含维生素 A,多半却被各种张力给眼睛增加的新负担所抵消。

156

雷茂盛还认为,伴随着营养不良,中国人日常生活方式的各种特点也会给眼睛带来极大张力。他发展了著名的"视疲劳"论,这是当今近视研究方面的主流理论。他提出,用眼过度产生的"疲劳、压力、紧张"会加剧营养不良的后果。他认为,眼睛畸变的"形式必然是朝水平方向扁平化,轴直径部分拉长,睫状肌收缩变细,曲率增大,晶状体前向复位。这些畸变的总量因人而异,其结果都是压挤视力系统,使之脱离视网膜,加大视网膜和结点之间的距离。"

那么,"疲劳、压力、紧张"的原因是些什么?有没有什么特殊情况,可以说明中国比其它文明承载着更大的

"疲劳、压力、紧张"？雷茂盛就此发挥了饶有趣味的鸡与蛋的论点：近视倾向导致中国人专注近距离复杂作业，近距离复杂作业又加剧了他们的近视。

他探讨了中国的早期发展史，中国是一个伟大的文字化文明，沉溺文字超乎其余一切。孜孜不倦的书写和阅读会给眼睛带来非常的张力。他提醒道，书法和绘画在中国很早就开始广泛发展，它们需要"视力的强劳动"，此外瓷器生产和景泰蓝生产"这两种工艺也要求视力的强劳动"。

与此同时，中国缺乏玻璃窗和适合的家具设施。工匠在昏暗的棚屋或后房工作，光线很难穿过油纸透进来。学校的问题尤为严重。一般认为四至十岁的儿童易发近视。雷茂盛利用一张著名的照片表现儿童们趴着写作业的情景，并连篇累牍描写了孩子们的学习习惯。譬如："笔者看见孩子们一边左手攥拳托着左脸颊，一边右手指点文字或写字，距离书本不足两时。就在几年前，中国还常见一班孩子埋头读书，孩子们的脑袋让教师看得见的只有头顶。"又如："书面文字是学问之源，人们孜孜以求……势必导致视疲劳，而且严重恶化了遗传倾向。"教室"不仅照明不足，大部分教室根本不照明"。

假若我们采取的论点是：高强度教育与一种高难度文字相结合影响至深，我们有什么证据吗？求证的一个

图 13　中国的近视儿童

　　雷茂盛在其著作《中国人的视力与眼镜》中复制了这张照片，并称之为"眼科方面宣传率最高的图片；笔者约 1924 年从天津一家摄影店购得，出自一位业余摄影家抓拍的'中国典型景观'，既未摆姿势，也未付佣金。"两个孩子写字时脑袋紧贴纸张。学习和书写多达三千个极其繁难的方块汉字，给东亚受中国文化影响的几国国民造成了高度视疲劳，他们付出的努力远远大于欧洲人学习标准化字母的努力。由于学校没有玻璃窗而经常采光不足，视力疾患更为恶化。

办法是检视阶级和职业的差别。20世纪初叶欧洲的早期
研究表明，上层阶级的近视率高得多，这些阶级被推定为
接受了强度更高的教育。有两个案例特别值得玩味，一
个是德国某些地区近视发生率非常高。20世纪初，德国 159
从事近距离作业的工人近视发生率为50％，英国为
25％，两地学校之间同期比较数据的差别大致相同，说明
当时德国哥特式文字非常难读，这就是造成差别的原因。

另一个耐人寻味的案例是正统犹太教徒，从低龄开
始他们就必须读书、学习、接受高强度教育。近期的数据
显示，正统犹太教的十余岁男学生80％以上患近视，比其
余人口高出三、四倍；数据还可能暗示了某些职业的近视
发生率与近距离作业有关，例如珠宝切割业。一个滑稽
的故事生动说明了近视影响游戏能力。

1999年7月播放了一个叫作《世界最蹩脚犹太足球
队》的电视节目：北曼彻斯特联赛中，一队十三岁以下球
员的输球比分依次为17：0、20：0、23：0、25：0。有意
思的是，他们的赞助人是当地的一个眼镜商，他可能对大
部分球员熟悉得很吧。他说："他当初同意赞助他们的时
候，不知道他们如此糟糕。后来他一见到他们，第一个念
头就是他们需要检查视力，虽然他们大都已经戴着眼镜
了。"球队的一个小男孩解释，他们与其他球队之所以不
同，原因是："我们这边忙着站呀坐呀什么的，他们那边就

传上［球］了。"那位眼镜商大概说得对，即便戴着眼镜，也难瞧见远距离情况，不如守株待兔，坐等球撞到脚下。

160　　近距离作业和近视的关系早已引起注意。贝尔纳多·拉马奇尼①在 1705 年英国出版的《论手艺人职业病》一书中，讨论了欧洲诸如花边制作和缝纫等行业的精细作业造成的灾难性后果。将近两个世纪后，在一本大量再版的 19 世纪教材中，布朗宁②写道："近视的原因有二：目无旁视地专注于近距离作业——例如读书、画画、针黹等等；从不让眼睛多看一会儿远景。小字体的课本对视力极其有害，对幼童危害更大。"后来的研究和专家的探索确证了他的假说。职员、女裁缝、排字工历来是近视高发人群。

　　原因不止于字体太小或光线太暗，其它因素还包括姿势（座位距离不当）、字迹欠清晰、反差不够、被视物体本身太小、可辨性差。人类的视力需要收缩才能看见被视物体。如果困难持续不断，视力会致残。

---

　　①　Bernardo Ramazzini（1633—1714），意大利医生，职业病学的创始人。

　　②　Browing，见本书"参考书目"。

格罗夫纳和戈斯近期编辑的一份关于近视的述评[1]
表明,近距离作业是诱发近视的最重要原因,其中教育因
素尤其重要。在不推行强制性教育的地区,近视发生率
较低。持续聚焦于字母或数字等微小物体,会增加眼睛
的压力,加剧眼球的延长,导致近视。一项研究显示,长
时间通过显微镜工作的人两年之内可能近视。或许正是
长期聚精会神地从事细小繁难的书写,才导致了所谓"律
师近视症"吧。在著名影片《热情似火》中,玛丽莲·梦露
表现了其中关联,在谋求阔情郎的时候,她追求男子的标
准是:由于浏览报纸上证券交易所的细小数字而未老先
衰地戴上眼镜[2]。

　　现在涉及讨论中最意味深长的部分。如果长期在昏
暗光线下致力于近距离精细作业会影响视力,如果原因
不仅在于直接的视疲劳,而且在于眼睛与大脑的关系,亦
即注意力集中的程度,那么,我们不妨再度审视教育和文
字问题。西方光学家一直认为,我们的孩子们课业日益
延长,生活负重累累,也许就是近视率猛增的背景原因
(同时可考虑其它因素例如电脑、电视等等)。倘若西方

---

　　①　Theodore Grosvenor 和 David Goss 是两位当代美国印第安纳大学
教授,这篇述评是 1999 年发表的《近视临床治疗》。
　　②　在梦露与托尼·柯蒂斯和杰克·莱蒙合演的这部喜剧片中,男主
角之一投其所好,获得了她的芳心。

国家情况日渐如此,那么东亚态势犹有过之。

在日本和韩国,孩子们往往要上学前班,三、四岁就开始接受一本正经的教育。进入小学后,每日学时很长。我们可概括在一所韩国女子中学的参观印象如下:"参观女子中学,并获准拍摄一堂韩语课……孩子早晨八点半开始上课,下午四点半放学,然后上'填鸭式补习班',在暗昧的灯光和一片嘈杂声中继续学习到晚上十点。据说他们回家以后经常上网聊天,忙到凌晨两点。他们的眼睛每天休息五小时左右。"十七岁时,他们的忙碌生活已经延长到午夜之后了。孩子们课余很少有休息时间玩游戏、从事文艺活动或其它活动。

162   我们或许认为这是什么新现象,确实,眼睛的压力现在是加重了。但是,在深受儒家文化影响的几个国家,独树教育和习典为一尊,所以视疲劳是其长期特点。波乃耶[1]描述过中国 19 世纪的考试制度,说明高强度教育压力之大。

在关于科举考试的一段文字中,他描述一直持续到 1903 年的科举制度如下:

在这个奇怪的国度,几百年来、甚至几千年来流

---

[1]   Dyer Ball(1847—1919),生于中国的英国汉学家。

行着一种考试制度,其初始目的是检测在任官员的能力,然后范围逐渐扩大,最后涵盖全国各地,一切希望被广大帝国接纳到千千万万文官之行列的人们,必须参加这一考试,以检测能力。做官的愿景煽动男童读书和奋发;做官的目标促使男人年复一年,孜孜不倦,皓首穷经,他们早先纯粹是因模仿学者风度而躬肩屈身,后来则被常年苦读压弯了腰。世界上再没有哪个国家能看到祖父、父亲甚至儿子一同拼搏考场的奇观了。

他描述人们如何直到八十岁还在赶考,希望中榜,"持之以恒,乐此不疲"。如此这般的描述还持续了好几页。

这只是一种教育制度的部分情况,如果参观一所日本学校,可以看到这种教育制度如今仍旧存在。日本学童在学校承受着巨大压力,被迫穿行于复杂文字的迷宫,背诵典籍,掌握浩如烟海的文学遗产。同样,父母和孩童们认识到,在一个精英治国的文明中,教育是通向高尚工作和地位的门径,这种认识也给他们带来了重压。大百货商店设有特区,向母亲们推销适宜的童装,以便领着小不点儿的幼童前往某所名牌幼儿园参加面试。这只是一个小小例证。另一个例证是一个著名隐喻,形容日本儿童在填鸭式补习机构午夜打熬的模样,直译起来是用火柴棍儿撑着眼皮。造成现状的原因不仅是课业时间、照明条件和父母施压,很可能还有别的因素,它一直受到忽视,而我们认为它同等重要。那就是学问本身的性质,尤其是书面文字体系的特点。

所大夫回答提问时说,他认为除了课业时间长以外,真正至关重要的原因是,由于要努力书写和记忆那三套构成日文的语汇,特别是书写和记忆那批即使读报也必不可少的两三千个"kanji",即汉字,眼睛承受了极端的压强。因为困难太大,所以日本孩童在学校度过的将近一半时间都花费在语言学习方面,从而给其它科目造成了压力,延长了每日课业时间。方块字极其复杂,必须一笔不苟(而且在一个高度崇尚书法的社会,最好写得漂漂亮亮),更紧要的是必须终身记得。

近视高发地带集中在学习汉字的地方,似乎远非巧合。新加坡、中国台湾、中国大陆和日本属于最极端情况。韩国则是一个很有趣的例证。韩国的课业时间和强度与日本不相上下,但是 15 世纪朝鲜人开发了一种语音字母表(hangul),只有一小套符号,如今在各科教学中一直使用到高中,所以语言学习只占课业内容的六分之一左右,而非一半之多。韩国人有学业压力,但是在学业早期没有汉字压力。那么近视统计数据如何?

虽然数据不够充足和客观,然而耐人寻味的是,它们恰好符合预期——介乎日本和西方之间。在两个小学班级（平均年龄九岁半），戴眼镜的学童比例为 8%—12%。在一所男中，十二—十四岁学生平均近视比例为 10%—20%。在一所女子学校，某班十二名学生四分之一戴眼镜。在一个十五岁孩子的班级，三十六名学生中有三分之一戴眼镜。五十四名小学教师中，戴眼镜人数略高于三分之一。这些数据给人的大体印象是，比例恰好处于日本和英国可以发现的近视比例中间。某英语教师主动说道，他认为孩子们的视力在恶化，所有教师都反感填鸭式学习，但他又说爱莫能助，因为"韩国最大的问题"是父母向孩子施压，要求孩子努力学习，考上名牌大学。

　　我们已经看到，营养和近距离作业是造成近视率波动的两个原因，同时日本和新加坡今天的极高比例或许与教育体系密切相关，可能涉及汉字学习。近视高发率或许是东亚近代以前不开发光学玻璃的原因之一。而且，如果我们不仅思考玻璃，而且全面思考视觉问题，我们会发现东西方文明之间可能潜在一个有趣的差异。

　　要想了解某一段匮乏文献记录的历史，一个可行的方法是观察可能的结果。由于我们根本关切的是视觉差异造成的种种后果，涉及的范围也会有所扩大。中国绘画的特点大概可以反映其中一个后果。雷茂盛提出一种看法：中国（和日本）水墨画和工笔素描的著名特征，是前景细节一丝不苟，背景由朦胧的群山流云构成，而这也许与近视有关。即使如前一章所述，还有许多别的因素共同形成了这一著名特征，研究若干世纪以来的视觉艺术作品仍将为视力发展史的探索开辟一个饶富成果的领域。

　　绘画和近视之间的关系似乎确有发人深省之处。特雷弗—罗珀也重新提出了这一命题。他指出，近视画家的必然趋势，是避免表现自己有限的视力不可企及的景物细节。这也影响了观画的适当距离。人们观赏许多中国画和日本画，比观赏一些西方名画，站位需要靠近许多。特雷弗—罗珀甚至注意到，中国画家习惯于将大部分细部集中画在画幅左下角，不过他并不像雷茂盛那样把它和近视联系起来，而宁愿和"重心"联系起来。绘画依存的媒质（吸水力较强的纸张）和绘画工具（水墨）两者的性质可能也改变了观赏位置。

　　不妨超出美术范围，尝试讨论其它一些艺术形式。例如，就日本而言，人们会怀疑任何一种传统戏剧——能剧和歌舞伎——是否也和近视有关。歌舞伎表现声音和身段，不重视面部表情（固定的表情涂画在演员面部，无法随着剧情的展开而微妙地变化），戏装沉重烦琐，特别喜欢使用色谱中的大红,观众(如传统读物所描述)通常玩顾左右而不看舞台,舞台甚至伸出一个甬道,将演员送到观众席内,使观众可以看得分明一些。这一切都意味着观众在昏蒙蒙的戏院隔着一段距离难得看清演的是些什么。

　　歌舞伎大红大金的戏装可以证明普遍的近视或许也影响了辨析颜色。视力正常的欧洲人看色谱的蓝端最清楚,而中国人、日本人和朝鲜人似乎看红端更清楚。特雷弗—罗珀注意到,日本和中国艺术中红色和金色铺天盖地,而且中文缺乏具体词汇表示蓝色①。还可以补充一点,这三个国家的基本颜色除掉黑色和白色,就是棕红色、橘红色和蓝绿色。很有意思,前两种来自色谱的红端,后一种来自尽量靠近红端的区域。同样值得注意的是,许多礼服和戏装是红黄二色,而许多寺庙和皇家建筑是红金二色。神道教神社和中国寺庙以红色为主调,此外皇宫还非常宠爱松绿色。人们经常提到日本国旗上大名鼎鼎的红太阳,而不是黄太阳。特雷弗—罗珀解释近视的关联说:"阳光中的蓝色光线比红色光线更容易折射,它投射的焦点在正常视网膜前方一点的位置,红色相应地投射在视网膜后面;所以,近视眼由于变形的长眼

167

――――――――――

①　本章的某些议论似乎不尽符合中国实际情况,此处即一例。

球,看红色物体更清晰……"

更密切地观察一下文学领域,也很有意思。将西方的近视诗人如济慈与视力正常的诗人如雪莱加以比照,他们采用的不同意象很能说明问题。济慈的意象更加依赖嗅觉和听觉等其它感官,或更富于想象,雪莱却描写遥远的景象。这么一想,无比丰饶的日本文学和中国文学就很值得研究了。

还有一批逸闻趣事般的或间接的证据。中国古代医书用可观的笔墨讨论各类眼疾。早期人种学典籍也记录了无处不在的眼药店,有些已经开业七代以上。有证据表明一些普通日本儿童非常奇特,具备显微镜似的敏锐视力。1870 年代爱德华·莫尔斯①描写他向一个"乡下小男孩"显示一种"使之仰卧能蹦到空中"的甲虫有何特征,莫尔斯教小男孩怎样"借助袖珍放大镜"来观察。在西方"只有昆虫学家才熟知甲虫的构造,不料这个日本乡下男孩什么都知道,还告诉我它叫作一种稻虫……"

李渔在 1634 年出版的《肉蒲团》②一书中,让我们读到这么一位"近视眼的"女士,作者说近视使她格外迷人。"近视的女人大都伶俐可爱。女人近视有一个优点:让她们撙节感情,去成就婚姻大事,免得莽莽撞撞浪费在风流

---

①　Edward Morse,见本书"参考书目"。

②　英译名为 *The Carnal Prayer Mat*,基本为意译。

韵事上。"他不无赞赏地引用"传言"道:"她虽然视力模糊,但是婚后在床第之间可不含糊。"因此,"近视眼的女人对这类诱惑大都具有免疫力……自不可考的远古时代,人们就认为娶一位近视眼的妇人,通常是又快乐,又无缘于丑闻"。[1]

其它许多领域也能提供间接证据。曼恩和皮里[2]认为,考虑到远视的效果,"电影院和剧院的座位安排,招牌等公告的大小和位置,学校的使用黑板,以及日常生活中的其它各种安排,都基于六码之外事物才看得清楚的预测"。假如我们倒个个儿,探问高近视率的国度该怎样展示事物,日本文明中的一些古怪现象就会呈现新的意义。生活在一个咫尺(一米的三分之一)之外便万象模糊的世界,情景会是怎样呢?

所以,譬如论及日本,人们不免要好奇地想到他们的鞠躬如仪,这可比微妙的面部表情更容易看到;还有,他

---

[1]　原文云:原来,这妇人是一双近视眼,隔了二尺路就看不见。起先,未央生进去,只道是寻常买卖之人,及至听见"酸子"二字,方才晓得是个秀才也。还只说是寻常人物,不把眼去相他。因为眍眼看人有些费力,所以遇见男子不大十分顾眄。但凡为妇人者,一点云雨之心,却与男子一样都是要认真做事,不肯放松的过了。若是色心太重的妇人,眼睛又能远视,看见标致男子,岂能保得不动私情?生平的节操就不能完了。所以造化赋形也有一种妙处,把这近视眼赋予他,使他除了丈夫之外,随你潘安、宋玉都看不分明,就省了许多孽障。所以,近视妇人完节的多,坏事的少,总是那双眼睛不会惹事。

[2]　Mann 和 Pirie,见本书"参考书目"。

们一般表情夸张,赠送名片以示身份,强调整体身势(*ha-ra*①)交流,不满足于面部姿态和演说。人们只需戴上一副模拟近视效果的眼镜,到日本四处走一走,看看有多少东西是看得见的,也看看人为的艺术、手势、声音的运用是不是让事物显得更清楚。这就是为视障者创造的一道风景吗?

发明了火药的中国居然不开发远视程武器,是一个意味深长的现象。当然其中还有别的一些原因,但是至少中国官吏阶层觉得不易使用也有一定关系吧。研究中国历史的专家马克·埃尔文②向我们指出,视力恶化表现在他们狩猎、射击、甚至眺望星星都别致别样。甚至有人会玩笑般地指出,禅宗箭术要求射手学习不必看远处的靶子就放箭,绝不是什么偶然而已。经过反复操练,射手无需刻意看靶,凭直觉就知道该往哪儿瞄准。射箭想必是精英阶级的专项活动。

近视的另一个效应或许表现在日本的"微型艺术"技巧,长期以来西方观察者对此印象至深。这些繁难的传统手艺包括漆器制作、*inro* ③制作、*netsuke* ④雕刻、盆景

---

① 日文音译:"腹部","躯体"。

② Mark Elvin,见本书"参考书目"。

③ 即"印笼",日本和服挂在腰间的装饰性套盒。

④ 即"坠子",可系在钱包等的绳端。

(微缩植物)栽种、茶道的微妙动作。在历史上,近视患者受到许多需要细致作业的职业吸引,成为牙雕匠人、微缩画家等。微型艺术在制造业的某些分支可能直接延续为现代日本工艺,它们多带有表示"微"的词缀(微工程、微电子、微机)——这么看问题,似乎不无道理。第二次世界大战之后,日本产品使用说明书也是用微小字体印刷的,西方人简直无法辨认。

　　人们也奇怪日本住宅和家居设施的形状和特点。居 ¹⁷⁰ 室小巧,房屋也不大,如果一个国民连房间尽头的物件也难看清,或者觉得在拥堵的家具间绕来绕去不胜其烦,简单朴素和四壁空空的房屋倒是理想的居所哩。

　　日本还有一个众所周知的特点,是重视视觉之外的其它感官,嗅觉尤为发达。日本人不仅经常议论西方人散发的体味令人作呕,而且大力开发了区分香味的技术。谈论此道的书籍不在少数,对各种香水和熏香的趣味也很广泛。11 世纪小说 *Genji*① 充斥着鉴别各种微妙香型的竞赛,王子的贲临也总是由他的香气宣导。

　　日本人同样非常看重听觉,总能觉察和利用细小的声响:叮咚水滴、当当钟鸣、青蛙跳池塘的扑通声、茶道仪式的叮当咔嚓,等等。一位日本朋友向我们表示,日本人

---

　　①　日文音译:源氏物语。

听觉较好,弥补了视觉弱点。

人们还注意到,日本人喜欢隔一小段距离看庞然大物,不喜欢难以看见的小东西。所以日本人属意于樱花树、粉白色的云朵、一轮满月,以及如此清晰如此赫然的富士山外廓。曼恩和皮里中肯地描述道:"如果一个孩子天生近视,他是不会抱怨的。人们常常意识不到这一点,但我们只要凝神一想,就能明白……一个平生第一次得到眼镜、被打发去散步的孩子,表现了此时的心态。她说:'瞧哇!你知道树是叶子做的吗?'"

值得注意的是,日本历史上缺乏"景观",缺乏景点和观光胜地。这个现象是蒂莫西·斯克里奇注意到的,他认为这是为了防止国民刺探到地理状况,但这种说法难以说明问题。更可能的原因是,引进西方眼镜之前,许多日本人压根不会去攀登西方国家比比皆是的那种峭壁高塔,因为他们从高处什么也看不见。18 世纪眼镜普及后,乘气球眺望乡村风光在日本狂热一时。

最后一点最有争议,但是值得推敲,那就是近视对人格的影响。这是一个敏感的话题,不过有一些看法可供参考。曼恩和皮里认为近视儿童——

陶醉于书籍和一切细枝末节,讨厌游戏活动……这样的孩子能获奖学金,与此相应,也可能不结人缘……他们不知不觉地进入需要近距离作业的职业。他们拱背曲肩，眯缝眼睛干工作。他们易起鱼尾纹，因为他们总是蹙起眉眼，以便形成一种"针孔"摄影机，帮助自己比较清楚地看见远方景物，这给他们带来了紧张感。

书籍文献经常拿书虫式近视眼做主题，形容他们有索引卡片般的记性，对于用来隐喻遥远景物的颜色高度敏感，目光内视，穷于外向行为，不擅团队游戏等，不一而足。

特雷弗—罗珀的著作有一个章节叫作"近视人格"，专门探索这个主题，其基调采用一位眼科专家的评论："你有所不知，我们近视眼是异类。"他言及"学究气的、性格非常内向的近视眼"，援引了某赖斯大夫就这一主题而发挥的一段有趣的宏论：

172

　　　　近视儿童在操场上表现不佳，因为眼睛看不见。他不喜狩猎，因为他看不见猎物，瞄不准枪。他不喜漫游，因为远景模糊难辨，也就没什么看头。他不喜跑步、乘飞机、旅行和任何一种运动。一般说来，近视眼不爱看戏看电影……一个自知运动起来赛不过同伴的孩子，智力活动往往十分娴熟，并稳操胜券，因而极端自负……他取悦了老师，丧失了朋友……

我们描述的这种孩子不靠他人娱乐,倒很容易瞧不
起他人的能力。他不调整自己去适应环境,不愿意
作出妥协。

❧　　❧

在讨论生物学差异或其它差异时,必须力戒说教色
彩和优越感。甚至在特雷弗—罗珀的著作《迟钝目光看
世界》里,按其写作思路而拟定的那个章节题目都可能不
大适当。确实有人现在把近视看作一种残疾,很多人认
为近视是一种不幸。事实上,近视眼优点多多,东西方的
创造性活动背后常有它的功劳。近视患者可能寓居在一
个更加激越、更加亲密、更加意味隽永的世界里。近视眼
从一个不同的角度、以一种特别的透视目光看世界,或许
正因为此,连美术院校的代表人物都多半是近视眼,而且
他们在那里也宁愿不去矫正自己的视力。

173　　许多最伟大的诗人是近视眼:弥尔顿、蒲伯、歌德、济
慈、丁尼生①、叶芝②等。作家詹姆斯·乔伊斯③和爱德

---

①　Tennyson(1809—1892),英国桂冠诗人,主要诗作有《尤利西斯》等。
②　W. B. Yeats(1865—1939),爱尔兰诗人、剧作家,著有诗作《钟楼》、诗剧《心愿之乡》等,获1923年诺贝尔文学奖。
③　James Joyce(1882—1941),爱尔兰小说家,多用意识流手法,代表作为《尤利西斯》。

华·利尔①患近视。赫赫有名的近视眼音乐家包括巴赫、贝多芬、舒伯特和瓦格纳。现代遗传学的首位研究人格雷戈尔·孟德尔②也是近视眼。听说天才数学家里面近视眼比平凡大众多四倍。

大概更惊人的是许多最杰出的画家，如凡·艾克、丢勒，或许还有维米尔③，都是近视眼。19世纪印象派画家患近视的特别普遍，例如塞尚④、德加⑤、毕沙罗⑥。20世纪一所法国美术学校里，近视眼比例是全国平均数字的两倍。近视眼在教育和艺术领域成绩斐然。再说，他们上年纪以后即使不戴眼镜，阅读的麻烦也比较小，这也是一种补偿。

因此，过去人们在学校操场上一看到戴眼镜的孩子就骂作书蠹的类似行为一定要力戒。想一想，如果有人声称世界上使用汉字的那一半人口（且不提正统犹太教

---

① Edward Lear(1812—1888)，英国画家、打油诗诗人。

② Gregor Mendel(1822—1884)，奥地利遗传学家，孟德尔学派创始人。

③ Vermeer(1632—1675)，荷兰风俗画家，作品有《挤奶女工》等。

④ Cezanne(1839—1906)，法国画家，后期印象派代表，代表作有《玩纸牌者》等。

⑤ Degas(1834—1917)，法国画家，早年为古典派，后转为印象派，代表作有《芭蕾舞女》等。

⑥ Pissarro(1830—1903)，法国印象派画家，代表作有《布鲁日的桥》等。

徒、印度婆罗门和其它近视高发团体)比西方国家的远视眼总归要低级,那真是非常不幸。另一方面,如果害怕被指责为政治不正确、种族主义、东方通、决定论者等各种名目,而忽视可能存在的差别,也是不明智的。克服了这两种态度,我们可以悟出,关于东西方玻璃工具发展史也许增加了一个新思路。

论及欧亚大陆的高水平文明(伊斯兰国家除外,因为那是另一个故事),即中国和日本,由于它们关怀极度精微的细节,更加依靠视觉以外的其它感官,看见的远景又不很精确,所以它们可能迈向了一个不同的世界。若想把这一论点发挥到极致,人们大可认为,这倒是有助于凸现西方的奇特之处。我们将看到,西方的玻璃技术借助望远镜和显微镜延伸了已经很合理的眼睛,借助眼镜矫正了老龄的影响。而中国人和日本人将眼睛变成了虚拟显微镜,更早发挥了眼睛的虚拟望远镜功能。不过,这种做法让他们付出了一定代价,同时也造就了他们文明中一些与众不同的特点,正像玻璃之于西方。

在中国、日本,一度也在朝鲜,视力或者至少远视能力也许确实恶化了,可信知识也许已沦为中常甚或降低。世界变得扁平而靠近,从往昔那世界显得更加清晰的时代流传下来的权威见解有所增强,发现新事物的好奇心有所磨灭,书面文字和关于昔日辉煌业绩的记忆得到强调。西方讲究眼见为实；东方是听、读为实。在东方，嗅觉、听觉和记忆力分量更重；在西方，实验、触觉和视觉分量更重。东方以一种神秘复杂文字所表达的语言加强了那里的特点；西方逐渐变成一种依托口头形式和视觉形式的文化。两者各有其魅力和优点，然而在冷峻的实用政治世界，西方借助眼镜延伸人类眼睛的解决之道赢得了竞争的胜利。现在的世界满坑满谷皆是眼镜，我们已然忘却在以往几千年的历史中别是一番情景。

第九章　现代世界的诞生

　　教堂、宫殿、城堡及私宅之首要装潢与便利设施皆归功于玻璃。玻璃因材料透明故，可庇护内室于酷热严寒，而光线仍可登堂入室。镜子及各类巨大玻璃板令人类眼目得享如许奇观，呈现面前一景一动，巨细无遗，毫发无爽，真切自然，人们藉此可保持楚楚衣冠。然拥有玻璃者，千人中不足一人尝念其巧夺天工；玻璃确乃头等艺术品，完美无瑕，人类之创造再无超乎其上者。

奥迪凯·德·布朗克

引自雷蒙德·麦格拉思、A.C.弗洛斯特：

《建筑与装潢中的玻璃》(1961，第5页)

　　现代世界是如何诞生的，这是一个大大的谜团。如果我们探问人类知识领域发生的哪几次革新无论内容抑或形式均居首位，毫无疑义，文艺复兴和科学革命应当入选。大约公元 1300—1800 年间，随着语言的沿革和文字的发明，人类藉以认知自然的工具也发生了变革，其意义显然异常重大。以此为基础,工业主义的新型工艺技术、新型社会制度、信息网络、新型政治体系以及我们正在经历的环球文化得以建立起来。若将人类历史作为一个整体来观察,这些事件都是晚近发生的,而且最初仅仅发生在世界一隅,但其效应实在强烈之至。然而,如果我们探问人类历史上这次大变革为什么会发生,却很难找到令人满意的答案。

为了破解这个谜团,首先需要更仔细地界定我们的问题。我们使用"科学革命"和"文艺复兴"这样的字眼究竟要表达什么意思?事实上,"科学革命"有必要划分为两次"革命"。较早的一次大致发生在公元1250—1400年间,它呈现若干特点,其中包括:经由阿拉伯学者而汲取希腊学问,大学兴起,逻辑工具进一步完善,准确性和精确性的关怀加深,数学、化学、物理学,尤其是光学臻于成熟,更加重视视觉观察证据的权威,而不轻信古人书面文本的权威。第一次革命以实验法以及怀疑论方法,即质疑和推迟结论的做法,为第二次革命奠定了必要的基础。第二次更著名的科学革命一般认为发轫于1590年代,完成于17世纪末。由于是采用科学工具去获取巨量新的可信知识,第二次科学革命明确地铺展了我们今天所熟知的科学宏图。

像这样扩展科学革命的定义之后,我们可以看出,科 177

学革命并非一次兀然的突破,它首先深深扎根于古典科学思想,又结合阿拉伯的演进,然后在中世纪思想家的研究工作中开出奇葩。因此我们讨论的问题自公元1200年左右开始,延续到公元1700年之后,涵盖的时间是五百多年。同时,涉及的地域也比较狭窄,因为虽然别处也发现了这样那样的因素,但是就一个时期而言,一下子出现整套错综复杂因素的,非西欧部分地区莫属。

谜团就在这里。改造了人类视觉和认知的这一伟大事件为什么发生在此时(1200—1700年)、此地(西欧部分地区),甚至为什么会发生? 显然它不是非发生不可的。事实上,一些更伟大的文明虽然拥有更成熟的工艺技术和社会结构,却没有显示多少发生这种革命的迹象。这次事件无疑改变了人类世界,那么它为什么会发生呢?

再转而讨论所谓文艺复兴。人们一向认为它发生在文艺领域(绘画、建筑、文学),带有一揽子特征,包括:提高了观察事物和表现事物的精确性,使绘画原理和建筑原理数学化,发明了在二维平面上令人信服地表现三维空间的透视画法,更加写实地摹画大自然,开创了建筑和诗作的新手法,使作品更富于激情和力量,对于个人及其在宇宙中的位置产生了全新的观念,时间概念也为之一新。

一旦罗列出文艺复兴的种种特点,我们就很容易看出,这一揽子属性与科学革命或知识革命是大面积重合

交叠的。重合交叠的最妙体现,莫过于"科学"和"文艺复 178
兴"双料天才列奥纳多·达·芬奇的成就。不难看到,科
学革命和文艺复兴两个运动的基本所为都是扩展可信知
识,其中一个领域内的成果,例如数学和三维空间表现手
法,会立即馈入另一个领域。最明显的例证在光学方面,
因为光学身兼早期科学革命和文艺复兴美术两个领域的
基础学科。

如此界说的文艺复兴运动,大约是在 13 世纪中期与
第一次科学革命同步发轫的,并差不多延续到约 1600 年
兴起的第二阶段科学革命。文艺复兴发生的地域也大体
相同,但特别集中于意大利北部和欧洲西北部。西欧之
外的任何文明中都不见其踪迹。

既然科学革命和文艺复兴其实是同一现象的两个组
成部分,是同一个恢弘进步的两种表现形式,所以最好明
智地停止区分它们,正如暂缓区别第一次和第二次科学
革命将大有裨益,因为两者均包容在不妨称之为知识革
命的同一个运动之中。

这样界定之后,我们发现,为了阐明知识革命的成
因,任何解释都必须符合一定的标准。既然可信知识的
出产速度是从 13 世纪开始显著增长的,解释中就必须包
含某些从那个时期才开始显现的因素。印刷机的发明和
新大陆的发现都出现在 15 世纪,时间太晚,尽管它们也

许起到了延续和扩展知识革命运动的作用,仍不能计入
那批突如其来的事件。于是我们再一次看到,解释中必
须能提出某些大约公元 1200 年以后迅速增长而此前基
本缺席或沉默的因素。此外,不论是些什么因素,它们必
须在意大利和欧洲西北部表现得十分突出,因为知识革
命是同时在这两个地区发生的。而且,使用比较法,该因
素或因素群还必须在所有其它文明中基本缺席,因为在
其余文明中此刻并未发生知识革命。最后一点,共存或
偶合是不够的。解释中必须能够显现该因素或因素群确
实造成了知识革命的中心特点。即是说,该因素或因素
群怎样直接或间接地激励了人们更加准确、更加现实主
义、更加详细地认知自然,并帮助奠定了建立规则的基
础,使得人们能够借助这些规则更加精确地表现自然,而
且激发了人们的求知欲和自信心,俾以持之以恒地追求
知识目标?

　　确立了这些苛刻的判断标准,我们方能检索众说纷
纭的解释,看看方家提供的谜底在多大程度上能够通过
考验。我们暂时搁置更深层的哲学和文化因素,尽管它
们为所发生的事件提供了不可或缺的基础;且让我们先
遴选和罗列最可能的、最有说服力的因素。这些因素包
括:由于机器发展而产生的机械化世界观,各国具体的法
律传统,特定类型城市的成长,一种特定的社会结构,贸

易和探险，一个多元的、但在文化上统一的文明，商业资本主义的发展，逻辑学和修辞学方法的发展，信息贮存和发散（如印刷术）手段的改进，计时工具（钟表），记忆技术，测量和计算工具，知识网络，保障长期协作的信托会和协会。

　　这一切无疑都很重要，但是我们只须指出它们都不大能够同时满足上面订立的所有标准，讨论也就短路了。或许其中最有希望的三个因素是机械钟表、大学和其它法人机构以及一个既分散又统一的特定政治经济体系。可是这里似乎还遗漏了什么。我们的图画呈现了许多先决条件，然而，究竟是什么东西把它们连接起来，促使一个文明向新的思想体系发展呢？我们仍旧不得其解。我们应该再往哪儿看？如果我们是侦探，可能会去寻找某种与我们面面相觑、而我们熟视无睹的东西。我们相信，在我们认知一个文明如何突破到可信知识高级阶段的时候，一个显然被遗漏了的因素就是玻璃。

　　我们在前文中主张，是玻璃改造了人类与自然世界的关系。它改变了人类对现实的感悟，将视觉的地位提升到记忆之上，提出了关于证明和证据的新概念，转变了人类关于自我和身份的认识。新视野的震撼力动摇了传统智慧,而这种更为准确、更为精密的新视野为欧洲在以后几个世纪称雄于世奠定了基础。

有关玻璃始末的故事现在似乎比较清楚了。在欧亚大陆中部和东部地区,玻璃的历史轮廓基本上千篇一律。玻璃和玻璃制造知识从中东源头传播到此地,就印度和中国而言,时间大概至少不迟于公元前 500 年。玻璃吹制术的革命性新方法至迟约公元 500 年为此地所知。印度除了制造珠子和镯子外,玻璃技术几乎未能引发玻璃工业。同样,中国和日本也将玻璃看得便宜而低贱,认为不过是服务于世俗和宗教目的的一个装潢手段而已。8世纪,玻璃制造业在日本曾达到巅峰状态,然后次第衰微,至 15 世纪完全失传。在中国,玻璃制造业一直扩张到大约 10 或 11 世纪,约 12 世纪之后式微。伊斯兰文明夹在两种极端之间,情况略有不同。其玻璃制造业曾辉煌一时,11 世纪以前叙利亚及其毗邻地区是世界上最炉火纯青的玻璃制造中心,但是接着,玻璃制造业突如其来地衰退了,公元 1400—1750 年间简直没有出产像样的玻璃。

在欧亚大陆西部,玻璃的历史迥然不同。南方的罗马文明促进了精美的日用玻璃器皿,特别是酒具的发展,因而生产出威尼斯镜子和酒具。在北方,基督教与气候相结合,形成了条件,激励了中世纪平板玻璃和彩色玻璃的发展。由于奢侈生活、贸易、宗教狂热和对舒适的渴求,玻璃工艺迅速完善。良好的机械技术和机械知识早就足以制造眼镜,克服老视的需求又使眼镜得以普及。有了透镜、棱镜和眼镜,人们对光的特性兴趣大增,并能够深入探索,日后又导致了显微镜和望远镜的发明。同样,玻璃产品和镜子的开发在化学和天文学方面也产生了深远效应。在空间透视、视觉优势、健康和农业方面,效应也非常可观。

　　根据玻璃的主要用途划分玻璃,我们便可更详尽地研究玻璃的故事。玻璃的"verroterie"用途,即玻璃珠子、筹码、玩具和首饰类,几乎遍布各地,至少遍布欧亚大陆各地,不过在美洲、撒哈拉以南非洲和澳洲组成的世界另一半地区,连这一用途也缺席。在最近两千年的大部分时间里,这一用途实际上是印度、中国和日本的惟一用途。为此功能,玻璃吹制术是可有可无的。这一用途对于思想和社会影响也不大,其影响是在奢侈品和装饰品范畴。玻璃基本上是宝石的替代物,人们几乎没有探索玻璃作为知识工具或者改善客观环境的工具的潜力。

　　玻璃的"verrerie"用途,即杯盘碗盏、花瓶和其它容器类,历史上主要局限于欧亚大陆西端。印度、中国和日本很少用玻璃制造器皿。即使在伊斯兰各国和俄罗斯,自 14 世纪左右,由于蒙古人入侵,这样的用途也戏剧性地衰退了。可以看出,这一用途尤其在中国主要体现为陶器和瓷器的替代选择。最大的发明家是意大利人,首先是罗马人,他们扩展了玻璃的用途,然后是威尼斯人,他们开发了"水晶"。玻璃制造的技术改良主要缘起于"verrerie"用途,它和饮酒习惯尤有关系。于是一个现象更具体地进入了我们的视野,我们发现它的震中是意大利和波希米亚。在那里玻璃与科学发生了千丝万缕的联系,例如用以制造早期显微镜的精细玻璃就是用威尼斯"水晶"酒器的碎片做成的。同样,化学试管、曲颈甄、量杯,以及温度计和气压计的发明也源于玻璃的此项用途。

玻璃的"vitrail"或"vitrage"用途,即窗玻璃用途,晚近以前很局限,但是使用地区略有区别。历史上使用窗玻璃的只有欧亚大陆西端,中国、日本和印度几乎未开发窗玻璃。可能更加令人惊讶的是,地中海、伊斯兰和罗马等"verrerie"地区也简直未开发。虽然他们了解制造玻璃窗的可能性,却没有大力发展。窗户大革命主要发生在阿尔卑斯山以北的欧洲地区。两个主要原因一是寒冷的气候,一是包含哥特式彩色玻璃窗的宗教建筑。自11世纪左右,彩色玻璃和后来的家居玻璃以及衍生的技术发展开始广为传播,并改革了建筑、社会生活和人类思想,不过大体囿于欧洲西北部。

玻璃的第四种用途来自镀银之后的反射性能。上乘玻璃镜的使用时间和地点仍然有限。玻璃镜的开发涵盖整个西欧,不过或许出于宗教原因,大致排除了伊斯兰文明。印度、中国和日本照例不开发玻璃镜,罗马人实际上也未真正开发。所以玻璃镜在时间上是有限的,从13世纪才开始普及和提高质量;在地域上则仅限于西欧。然而玻璃镜是促进光学发展和美术透视理论发展的主角 184 我们命名为文艺复兴和科学革命的可信自然知识增长过程中所发生的那一切,没有玻璃镜大都不可能发生。

　玻璃的最后一大用途是制作透镜和棱镜,特别是应用于辅助人类视力的眼镜。再一次,尽管欧亚大陆所有文明可能都知悉玻璃的折光和放大性能,实际制造透镜的其实只有一个地区,那就是西欧。和镜子一样,这方面的用途开发得很晚,主要从13世纪以降,恰恰偶合中世纪光学与数学的发达。光学与数学在13世纪后馈入知识的一切支系,包括建筑和绘画,还影响了眼镜的发展,而眼镜是透镜的一大专门旁支。日本、中国、印度、罗马和伊斯兰地区不使用玻璃眼镜。眼镜仅在西欧从1280年前后开始普及,遂形成发明显微镜和望远镜的关键一步。

　由此我们可以看出,欧亚大陆由印度、中国和日本组成的超过半数的人口仅将玻璃用于五大用途之一。中间地带即俄罗斯和伊斯兰地区增加了一点玻璃器皿的用途。西欧就整体而言增加了镜子和透镜,所以利用了玻

璃的四种功能,但只是从 13 世纪才开始的。欧洲西北部
又增加了玻璃窗,充分利用了玻璃的全部五大功能。

    我们相信,人类文明中各种知识体系之间的重大分
185 殊,与玻璃的发展有一种决非纯粹偶合的关系。首先有
空间的关联,玻璃多元发展的地区是西欧,正是在这里,
出现了一种粗略归结在"文艺复兴"和"科学革命"名义之
下的新型世界观。尽管 12 世纪以前伊斯兰地区和中国
的知识远为博大精深,突破却并不是在那些地区实现的。
其次有时间的吻合。玻璃的长足发展,尤其是窗户、镜子
和透镜的长足发展,是从 13 世纪在西欧发生的,这正是
光学、数学和透视理论开始出现令人瞩目的重大突破的
时期。然而与此同时,已经高度发达的伊斯兰文明自 13
世纪开始放弃玻璃,自 14 世纪末开始差不多完全抛弃,
而科学思想也在此地凋敝了。与此相映成趣,玻璃科学
仪器于 19 世纪末大规模输入日本后,导致了科技的重大
发展。

    假如这只是空间和时间的偶合,不存在令人信服的
因果关系,我们可以摈弃它,权当一个奇特的同步现象。
可是实际存在的效应联系是不难发现的,它在那些开创
了新型世界观的西方巨擘的生平和著作中都有明显表

现。哈桑、罗杰·培根和罗伯特·格罗斯泰斯特在数学
和光学研究中显然使用了玻璃仪器。文艺复兴的伟大实
验家,从布鲁内莱斯基和阿尔贝蒂,到列奥纳多和丢勒,
在发展透视原理和更加精确地观察和表现自然方面也莫
不如此。他们一律用镜子、平面玻璃板和透镜进行视觉
和光学实验。还有 17 世纪的科学巨匠,如伽利略、开普
勒、牛顿等,全都潜心利用玻璃仪器研究自然。几乎每一
次科学进步在一定阶段都需要玻璃。而且玻璃帮助延伸
了人类最强大的器官——眼睛。这一切,惟独发生在世
界的一个地区。

　　毋庸置疑,我们当然非常警惕单一因素的阐释和简
化主义的阐释。如果主张玻璃是惟一必须的条件,未免
荒唐可笑。如前所述,玻璃的使用取决于一定境脉;此外
还有多种因素导致可信知识大幅度增长并奠定了当今世
界的基础。玻璃至多是一个必要条件,但是凭它自身仍
不充分。不过,如果必须从一切因素中遴选一个,其重要
性超越了城市的成长、古代学问的复兴、钟表或印刷术,
入选的只好是玻璃,这恐怕不会引起太多争议。没有玻
璃的发展,很难设想新的世界观如何能够建立。

　　这并非意味着结局是意料之中的,或者意味着其中
含有具体的策划和目的。玻璃的开发本来别有用途,是
它的美观和实用性向人们毛遂自荐。仅仅由于一组重大

的偶然事件,玻璃这一物质才同时成为折光物质,而其折光性以某种方式改变了人类的世界观。

尽管出于偶然,玻璃折光技术的影响却是巨大的,只是最初仅仅表现在世界的一个地区而已。玻璃的故事再次体现了一项新技术在东西方的迥异效应。正如火药、印刷术和钟表在欧亚大陆中部和东部很少或简直没有产生革命性效应一样,玻璃惟独在欧亚大陆西端引发了革命。玻璃在欧亚大陆西端的革命性效应归纳起来是什么呢?

一个原本与其它文明一般无二、依存于听觉和文本的文化,激变为视觉主导的文化。人们认识到,眼之所见才是真正起决定作用的。我们在此提出:人类的眼睛和头脑由于玻璃技术的发展而增强了力量,是玻璃的最重要影响之一,没有玻璃的影响,上述激变不会发生。虽然无法绝对证明,但是一个视觉的、实验的、理性主义的、"科学的"、现实主义的世界,在其具体发展过程中,玻璃极可能是一个最重要的因素。我们归功于笛卡尔和牛顿的这个不再神秘莫测的世界,是从玻璃中发育出来的。13—18世纪一代可信知识的革命性发展为当今世界打下了根基,此中玻璃肯定发挥了不可或缺的作用。

我们希望已经展开了一个合情合理的故事,表现增加的知识馈入认知工具的改良,改良后的认知工具再回馈,导致知识进一步增加。这个故事有助于解决一个长期争执不休的问题:为什么是欧洲,而非伊斯兰国家或中国作出了关键的突破,对自然世界产生了更加可靠的全新认识。

◈　　◈

　　玻璃不仅是思想的辅助工具,而且是提高舒适生活和工作效率的工具。13—18世纪这段时期,玻璃的这些潜能大都在欧洲展现出来,并组成了玻璃影响人类智慧的故事的主干。如前所述,智识的东西和物质的东西是彼此相关的。在许多方面,当玻璃开始将增加的可信知识植入人类物质世界的改善过程时,接下来都发生了回馈,反过来增大了可信知识进一步快速发展的可能性。

　　玻璃通过窗户的形式既提高了生活的舒适程度和延长了工作时间,又可能增进了健康。玻璃窗让光线畅然入室,同时非常坚固,表面易清洗。对生活用品吹毛求疵的罗马人感受到了玻璃窗的魅力。同样,作为大量使用玻璃的代表性文明之一,荷兰人也受到玻璃窗的吸引,由于住宅安装巨型窗户,玻璃在尼德兰发展得最为可观。透明的玻璃放进了阳光,室内的尘埃格外显眼,而玻璃本身又必须是清洁的,才能保证效果,所以玻璃不论以其自身特性抑或以其效果,均有益于卫生。17世纪使用玻璃的两大文明荷兰和英国以清洁和健康著称于世,似乎与玻璃不无关系。当然,日本住宅不用玻璃而用其它手段弄得还要更加清洁。不过在更寒冷的欧洲北方,玻璃窗由于提供保暖作用,或许成为一个十分重要的健康因素。

　　玻璃这种新物质不光改造了私宅,最终还改革了日益成长的消费社会。这方面的重心北移到英国,时间在一个世纪之后。利用煤炭生产的铅玻璃板在这个商店密集的国家是非常理想的材料,店主们可用来装点门面,获得的效果令 18 世纪的外国人惊羡不置。一位前往英国的法国游客敏锐地觉察到了差别。"我们在法国不大有的东西,"他注意到:"就是这样的玻璃,它一般都非常精细、非常清澈。玻璃把商店包围起来,商品往往陈列在玻璃后面。玻璃既阻挡了灰尘,又不妨碍向过往行人展示货物,从四面八方呈现美妙景观。"

　　除了住宅和商店,玻璃的新用途还开始改革农业和植物知识。玻璃用于园艺并不是早期现代欧洲的发明,罗马人早已使用暖房、利用玻璃保护他们的葡萄了。中世纪晚期,大约 14 世纪开始,罗马人的设计概念复苏了,种花以及嗣后种果蔬的玻璃棚雨后春笋般地出现。由于玻璃价格更便宜了,特别是由于窗玻璃板的质量提高了,玻璃的用途发展得超越了罗马人的使用范围。1619 年人们在玻璃遮挡下种植橘树,1684 年切尔西药剂师园圃盖起了一座供热的玻璃温室。在这类改革的发生过程中，玻璃罩和温室提高了果蔬培育的质量，给欧洲人提供了更健康的饮食。正如玻璃延长了人类的工作时间，它对植物也有裨益，不妨说它改变了气候，利用太阳能种植出富含营养的食物供人类享用。在世界上许多寒冷、干旱而多风的地区如中国北方，如今正在发生塑料导致的改革，而玻璃早就别开生面地引发过这样的改革了。

最后我们可以注意一下，改造人类物质生活的其它一些实用发明也泛滥于世。我们已经注意到的有防风提灯、封闭车厢、钟表护面、灯塔和街灯，它们改善了旅行和航海的条件。假若没有玻璃，哈里森计时器后代产品的性能会是怎样？或者还可再次提到玻璃瓶的效应，它们逐渐改革了物品的分配和贮存形式。例如，玻璃瓶更容易储藏和运输葡萄酒和啤酒，由此引发了一场饮用习惯的革命。这两种酒类所含的丹宁酸和啤酒花具有药效，所以其效应不止于刺激生产、贸易和农业，而且使人们更容易避免饮用污染的水，从而增进了健康。玻璃提高了贮存和分配的机动性，联想到 19 世纪后半叶冷冻和罐装技术所导致的革命——它也开辟了新的可能性，所以这是两场性质相似的革命。

于是，环绕玻璃建立的现代世界诞生了，其表征最初是饮具和窗户，接着是提灯、灯塔和温室，后来是照相机、电视机和其它不计其数的玻璃产品。通过另一串事件，玻璃导致了健康革命。显微镜使人类得以发现细菌，创建微生物理论，最终征服了多种传染病。玻璃甚至影响了人类的信仰（彩色玻璃）和个人观（镜子）。因此它从一切角度切入了人类文明，不过最初只限于世界局部地区。这些纷繁复杂的领域与玻璃发生着盘根错节的关系。例如，窗户改善了工场环境，眼镜延长了工作生命，彩色玻璃增加了光的魅力和神秘性并诱发了光学研究的欲望。玻璃这常常不起眼的物质正是通过多彩多姿的交互关系具备了力量和吸引力。

191　　这一切关联现在已经昭然若揭。但是，如果浏览一下论及现代思想起源或玻璃作用的书籍，玻璃的关联好像一般都受到了忽略。为什么人们对玻璃如此视而不见，对玻璃的社会史研究得如此不足？确切地说，为什么人们认识不到，要想回答思想史上的最大问题，即什么原因使得世界部分地区目击了 14—17 世纪由文艺复兴和科学革命组成的知识革命，玻璃形成了答案的关键部分？假定玻璃确有干系，人们的遗漏就意味深长了，这引起我们深思：研究像玻璃这样的现象需要什么样的方法论。本书引介部分讨论了与玻璃本身特质有关的一些方法论要素，这里我们将概述关于方法论的一些思考，它们可能会影响玻璃现象以及既往许多现象的研究工作。

我们认为，历史研究和人类学相结合，对我们探讨玻璃这一主题的方法产生了有力的影响。人类学是一种广阔的比较学科，它关怀全球所有地区，探究各具体制度或社会的共相和特点。人类学者坚持不懈地侦缉事物的缺席、观察共变、寻找似乎彼此恒定匹配的东西以期检查因果链的强度。这就是人类学的真髓，本书谨守其法，检视了五个不同的文明。

比较法也引导我们注意我们自己所属环境中普遍存在的事物。将我们自己的文明与玻璃缺席的那些文明反衬起来，得出的背景能明白无误地烘托出玻璃的独特性。¹⁹²如果我们始终只充当欧洲某国的历史学家，甚或全欧洲的历史学家，我们能够"看见"玻璃和玻璃的重要性吗？人必须走到整个体系之外，才能把事物看得如此清楚。如果仅仅直视某个现象，往往视而不见。必须切换视角，意义重大的新领域才可能不意而现。

许多现象，包括可信知识的几乎每一次增加，只有看作焦点非常分散而又彼此相关的一张网络造成的结果，才可能识别。欧亚大陆西端的玻璃工艺四处漂移迁徙；从叙利亚和埃及，到苏格兰和斯堪的纳维亚，这整个地区是人与人、思想与思想彼此交织的一个体系。发生了什么和为什么发生，秘密就藏匿在这个充满差异和竞争的多元体系中。如果我们的兴趣囿于某一个国家,秘密是无法探究出来的。

人类学的透视具有可观的时间深度。人类学者努力追溯智人的完整进化过程,从它的始祖猿直至现代。从这种透视观出发,一千年只是稍纵即逝的瞬间,结果我们不得不整体考虑最近几十万年的情况。于是我们养成了长线发展的观念和拓宽研究范围的趋向。历史框架一经拓宽,诸如(科学和艺术领域的)"知识革命"这样的事件便置于明察之中了,我们于是得以探究事件之前、之中和之后的情况。我们也就更容易识别长距离的关联,洞察"掩埋的"关系,它们是地下的潜流,非常有助于测知深藏于往昔的前景。一个周期较短的例证是,为了认知蒸汽机是如何发展的,我们必须从 18 世纪开始,上溯到 17 世纪人们利用玻璃发现真空,再上溯到中世纪的玻璃吹制术。

人类学往往采用一种功能主义途径。它探问不同的制度或不同的工艺技术对各个社会影响如何,以及别种制度可否产生同样影响。人类学比较法的一个成分是比较不同社会的不同现象,有时则揭示这些现象具有可辨识的相似功能。要想了解玻璃之类现象的历史,比较法非常关键:欧亚大陆东端不发展玻璃,并非因为缺乏知识或理性,盖因那里有别种东西发挥着玻璃在西欧发挥的同样功能。

人类学的透视观追求整体性，也就是说，它认为一切现象都是复杂的统合体系。例如，人类学者的典型做法是研究一个具体部落、村庄或别种团体的方方面面，涵盖宗教、政治、经济、社会、美学等范畴。随着"现代性"的发展，人类的劳动有了广义而言的分工，因而在这些范畴之间打造了坚固屏障，但是在人类学者的工作领域，这些屏障大都不适用。以玻璃而论，人类学的整体方法鼓励我们探寻各种既往表征之间的关联。传统的学科区分在思维起点很有用，但是它立即会变得就事论事，最终会阻碍研究。譬如，强行划分科学和文艺，既割裂了文艺复兴和科学革命的研究，也割裂了对诸如 13—17 世纪的不同门类科学进步的研究。历史地对待一个现象，便可看出我们研究的是各种犬牙交错的表征组成的一个庞杂捆扎体，它包容技术不亚于包容宗教，惟有忘掉学科界限方能加以研究。

人类学也不妨说是唯物主义的。至少自 17 世纪中叶笛卡尔从事研究以来，人类思想日渐倾向于将自然科学领域涉及的物质和物理的东西，与智性的和社会的东西区分开来。这种分界也受到人类学研究实践的挑战。人类学者经常与活生生的人群共同工作，所以很难忘记物理世界和精神世界密不可分，而假若只和文字记录打交道，这一事实就往往变得模糊不清。产品和技术永远是人类学者的重点关怀，他们甚至习惯于用技术标准去划分他们的研究主题，例如用生产方式或工具去划分。他们经常将产品收入博物馆，进行展览，以体现具体物质与社会观念之间的关系。所以，当人类学者发现像玻璃这样物理性的东西竟然能够改变我们的世界，他们绝不感到诧异，而且许多杰出的人类学家写出了富于启迪的著作，讨论不同社会中不同技术扮演的角色。

　　我们可以稍微变换我们的说法。由于人们很难洞悉物质与精神的交互关系，为了便于理解，我们发挥了一种观点，认为社会的发展大部分可以理解为一种三角循环运动。理论性认知或者某一门类的可信知识增加之后，就会植入改良的或崭新的物理性产品；如果这些产品很有用从而被需求，并且也比较容易生产，它们便会大量扩散；结果改善了生活条件，同时极可能回馈，引发进一步的理论研究。这种三角循环发生在生活的许多领域，人们所描述的人类进步背后，起作用的多是这种闭路循环的速率和重复。

　　玻璃的历史是一个雄辩的例证，体现了物质与理论之间生生不息的循环运动。譬如，理论（数学和光学）的进步导致透镜和镜子发展，改良后的透镜和镜子数量扩大翻番，然后回馈，推动理论进一步发展；发展后的理论再回馈，导致显微镜和望远镜的产生；以后显微镜和望远镜又增进了健康和农业，并引发了更多的研究。

事实上，物质和理论已经很难区分。人类学者长期将技术视为物质和思想的混合体，认为思想植入或凝入了产品，产品本身的力量仅仅来自需要使用产品的生活实践。因此技术经常如马塞尔·莫斯①所定义的，是"传统有效行动"。技术由认知世界和改变世界的方法组成，既包括物质也包括思想。再清楚不过的例证，是玻璃生产过程中思想与技术的同步发展。玻璃既是思想工具，又是植入了思想的工具。玻璃的特殊之处，在于它是惟一一种物质，直接影响了人类看世界的方式。玻璃是惟一真正延伸了眼睛这一人类感官的物质，而眼睛是人类最有力的感官。

人类学认知世界的方法或可称为"结构主义的"。人 196 类学者比历史学者更少关注个别的人物、事件或事物，尽管它们很重要。人类学者更多关注它们的关系，关注对它们发生作用的各种力量的平衡性和时间性。所以我们考虑的不单是玻璃的存在或缺席，而且是玻璃数量如何、用途如何、如何切入人类与自然世界之间的关系、如何与其它一些同样值得考虑的原因匹配。同时人类学还经常使用一种辩证方法，借助于命题、反题和合题的著名逻辑论证所蕴含的一系列对立、矛盾及其解决，看到永无止息

---

① Marcel Mauss(1872—1950)，法国人类学家。著有《礼物：旧社会中交换的形式与功能》等。

地运动着的各种力量。人类学强调社会结构,重视人类既协作、又深受不同社会网络影响的行为方式,并注意人文环境对人类行为的鞭策程度。可信知识的发展在人类学目光中,并非一系列梯级攀登,每一级可以贴上一个响当当的名字——哈桑、格罗斯泰斯特、列奥纳多、开普勒、牛顿、爱因斯坦等。这些名字只不过是我们的记忆手段,是波澜壮阔的思想运动中的范例和催化剂。

此外——当然不局限于人类学,努力认知众多社会与文明的工作经验提醒着人类学者:因果关系是一条条扑朔迷离的小径。不能满足于头脑简单的见解,以为每一种结果只有一个原因,或者以为原因与结果在时间与空间上必须彼此接近。一旦我们认识到因果链之宽泛,就很容易看出,假定迷失了一个环节,即使是因果链上一个很早的环节,最终结局将大相径庭。就玻璃而言,我们也发现正确认识因果关系非常重要,因为我们注意到,在新发明的产生过程中,人们无数次诉求玻璃的帮助,即便玻璃并非直接的决定因素。只有认真考虑这些枝蔓横生的小径,我们才能看到像玻璃这样弥漫扩散的复杂事物产生了哪些间接的、半明半昧的、然而强有力的影响。

　　在回顾历史和主要利用文字记录进行研究的时候,

人类生活那种故意的、预谋的、理性的、目标明确的性质常令我们震惊。它很容易使我们滑进一种未经推敲的技术性思维方式，以为最重大的历史发展都是预谋的，是由人类行动者（或由上帝）策划的。由于从较长周期、从多样化互动角度考虑人类文明，并细致入微地观察日常生活——人类在日常生活中显然很少顾及其行为的实际后果，因此人类学者会想到非故意性后果的重要性，于是随机性、偶发性和变数的重大意义便彰显出来。

这样，我们也就更容易理解，玻璃的发展史显然主要是一连串可喜的偶发事件和并非故意为之的结果。玻璃的故事紧密吻合一种达尔文主义选择论的模式，整个故事生动说明了"随机的变异和有择的保留"。为实现某一目的而发明的事物后来又服务于其它目的，确实，这就是玻璃历史中显现的首要事实。玻璃的开发是为了给人类制造美观实用的器物，因为一次重大的偶然事件，才发现这奇妙的物质原来还可以延伸人类的视觉并由此改变人类的思想。因此，如果玻璃缺席，我们丰饶的现代文明就不可能存在。我们不妨——如一位朋友所言——称之为"屹耳①效应"。屹耳从维尼熊手中接受空蜂蜜罐的时候大失所望，但是皮杰的气球爆炸，使空罐子变成了妙

198

————————

① 驴子屹耳，以及下文的小熊维尼和小猪皮杰都是英国动画维尼熊中的人物。

物——"装东西的实用罐子"（非常恰切，正好是玻璃的一种用途）。人类学者时刻注意到"屹耳效应"，他们发现某种新发明的工具或技术，例如钢铁轴承、新的农作物、灌溉系统、武器、塑料桶、板球等，往往被人们多方探索，与设计初衷相去甚远。

而且，一项新技术可以在大大超出它工作领域之外的方面去改造文化，引发一大批新生事物。这个事实有助于人类学者认知技术发展的累积性质，或曰"米卡诺①效应"，因为它就像那套著名建筑模型一样不断加上新构件。

根据事物的一般规律，每加上一条新的可信知识，譬如玻璃吹制术，或者精细玻璃镜或火石玻璃的制造，不仅给人类能力的库存增加了一个条目，事实上，还使人们有能力再做几十件新的事情。正如给米卡诺模型增加一个轮子，就能改造先前安装上去的所有部件的功能，玻璃的情况也一样。其效应如果不加阻止，会引起可信知识和有效行动发生幂数膨胀。最近三百年玻璃大增长的故事正是如此，在这里人类对自然的认知和控制能力的增长远远超过了线性速率。玻璃的历史是这方面的一个极佳例证。玻璃的能量和效应变得越来越大，发生得越来越快，玻璃自身对于人类已经不止是一个添加的资源，它还

199

————————

①   Meccano，儿童拆装玩具商标名。

推进了其它多种工艺技术的改革创新。技术发展得更加强大之后,不仅提高了玻璃饮具、玻璃镜、窗玻璃板的质量,而且改变了人类的健康、住房、思想、交流、旅行、购物等不计其数的领域。

　　进行一番反论将更有说服力。包括新知识发明者尤其是利用产品(如玻璃)而开发新知识的发明者在内的一切发明者,不得不使用便利现成的东西。如果所需知识和产品不可获得,他们碍难用上。因为他们是在进行二级发明,是将发明建筑在发明之上。今天我们的活动也常受制约:我们感到需要更进一步创新,但是难以实现,因为须得有一个中间发明才能做到;然而人类的能力实在有限得很,不可能回头走那么远。例如,意大利早期研制气压计,或英国早期研究真空,无不以非常娴熟的透明玻璃技术为前提。假若质量适合的玻璃制造活动不是近在身边,就不会有气压计或真空实验。中国人用天然水晶可做不来成熟的气压计和真空室,他们也肯定不会花上数千年时间发展玻璃,仅仅防备万一哪天可以用来做成一个气压计。玻璃在意大利唾手可得,只是一个孤立的偶然事件,而意大利发明了气压计。17世纪中叶居住在奥克尼群岛①的人是不可能做出气压计和真空室的。

---

　　①　在英国苏格兰北部。

事实上，因为人们使用了信手拈来的材料，所以发明
200 创新是产生于一种自然选择模式。但是事情又不止于材
料是否便利可得。罗马人很容易得到玻璃，然而在一代
浩瀚的抽象可信知识领域里，罗马人并非潜在的创新家。
17 世纪中叶意大利人和英国人既拥有玻璃，同时也不乏
特定的求知欲。所以假定 17 世纪上半叶中国存在便利
可得的玻璃，仍不大可能发明显微镜、望远镜和气压计。
无法解释玻璃的存在为什么是这么个结局。因此，玻璃
的存在是通过自然选择而形成的条件，是一个必要的、却
非充足的条件。

在技术至上、精于计算的当今时代，有一种观点甚嚣
尘上，那就是认为技术一旦发明，必然会保持和改进。长
远而宽广的视野有助于我们反驳这种观点。人类学和考
古学表明，摈弃价值显著的技术，这现象历代并不鲜见。
人们听任灌溉系统坍塌，抛弃过钓鱼钩、车轮甚至文字。
所以东亚基本上抛弃了玻璃的现象也不算太稀奇。

要想认识人类，必须同时认识其生物进化和社会进
化两个方面，这就是我们在上一章提出近视成因假说时
所探索的互动关系。

人类学以其文化相对主义声名赫赫（或声名狼藉）。

它致力于描述和分析人类应付生活挑战的各种不同方式,不过它一般克制着不从道德角度判断某一种方式比另一种更好。当我们思考欧亚大陆两端分别以什么方式 201 尝试克服困难,以期保存甚至增加可信知识时,这种人类学的视野是有益的。

若干年前,日本经济史学家和人口学家速水融[1]曾将欧亚大陆两端的文明加以区分。通过增加劳动力而增加农业或手工业产量的亚洲各文明,他称之为"勤业革命"[2];欧亚大陆另一端的文明,通过以机器和非人力能源代替人力而增加产量,则以著称于世的"工业革命"命名。事情妙在,为了增加世界可信知识的量,欧亚大陆两端采取的策略也显现了同样的分殊。

东亚进行的仍是"勤业"革命——文牍泛滥,木版印刷术发达,书面文字增殖,教育和考试制度扩张。人类眼睛承受着巨大压力,眼睛成为放大镜的替代,做到了西方人只能借助玻璃工具做到的事情,近视遂不断加深。这是智力生产的密集化——恰如那里的许多手工业操作以及水稻生产的密集化。有趣的是,对细枝末节的极端关注与之如影随形。

---

① Akira Hayami(1929—),日本经济学教授。

② 英文为 industrious revolution,与下文 industrial revolution(工业革命)恰成对照。

　　欧亚大陆西端不强迫人类身体像这样工作。玻璃仪器日益强化了人类获得知识的主要感官，正如其它新工具利用风力、水力和动物能源极大地补充了人类劳作，从而增援了人类的肌肉一样。因此，一整套思想"机器"开发出来，包括早期玻璃制品、棱镜和放大镜、镜子、望远镜和显微镜。人类智慧方面的工业革命发生了，与东方的勤业革命恰成对照。

　　人类学者怀抱相对主义，所以不愿将一个事物置于比另一事物"更好"的地位。它们只是两个不同途径而已，各有其所长所短。不巧，在报酬递减律的作用下，勤业之路到达极限的速度比思想机器贯通之路要快得多。后一条道路今日仍然大有可为，因为充满计算机、光纤网络、电视和摄影术的当今世界仍然沉重地倚靠着玻璃。

　　但是，关于"勤业"和"工业"的类推，我们不应该走得太远，以免它发生误导，使我们的注意力在讨论东西方分化的语境中偏离其它更重大的差异。差异的核心可能别有所在。西方人越来越认识到有一个不同种类的知识，它可以通过实验手段、通过"拷问"大自然而生成。后来这种认识有所深化，因为在大学之类机构的支撑下，欧洲形成了一张松散而有效的认知网络，虽然大学等机构的本初目的并不在此；于是人们开发了种种工具手段，以便进一步生成知识，使知识更加可信，并能够更加准确地交流。东方基本上没有开发这些可能性,因为人们未能认识这类知识的存在,孜孜求索它的欲望也就非常微弱。在这种语境中,透明玻璃的存在或缺席便成为关键的辅助工具。如果言重一些,则即使中国和日本大规模开发了优质透明玻璃,可信知识是否能够像在西方部分地区那样发展,仍旧是可疑的。

总而言之,我们当然必须谨记:可信知识的获取方法 203 和可信知识总量的大变革之所以发生,玻璃不过是一个辅助因素,它或许必不可少,却远远不够充足。我们以为,西方之能发展种种新型思想体系而东方却是空白,玻璃是不可或缺的原因,但是单靠玻璃尚不完备。还需要其它多种因素。层层叠叠的压力交互作用,才造成了如此复杂的一个结局。因此,关于现代世界的诞生,本书仅仅讲述了它的一段故事。

附录 1 玻璃的类型

　　本书讨论的玻璃有三个族类或类型：钠玻璃、钾玻璃和铅玻璃。还提到第四个类型：威尼斯水晶玻璃，不过它也属于钠玻璃族类。所有这些类型的主要成分都是硅，化学上叫作二氧化硅、石英或水晶。沙是颗粒状石英。确实可以认为玻璃就是石英。纯石英很难处理，须和其它一些化学物质融合才能驯服。融合后产生一种物质，在适宜的温度下呈半流体状态，极易塑形。

　　地幔的成分大约 44% 是硅，所以硅简直取之不竭。硅的熔点是 1726 摄氏度，古老的熔炉是达不到这个温度的。而且，硅熔化起来非常突兀，加热期间不经历逐渐变软的过渡过程，这使得玻璃可以极其有效地定形。

　　硅的形式多为洗白沙。为了降低其熔点，硅须和另一种化合物例如钠（碳酸钠）或钾（碳酸钾）融合。钠的熔点为 851 摄氏度，钾为 901 摄氏度，如果木炭火或焦炭火的风口不错，产生的"白热"大致如此。

　　在这种温度以及更高的温度下，钠和钾会分解，生成大量二氧化碳气体。二氧化碳和原料中残余的空气（氧和氮)汇合,产生充满气泡的融合物。现代制造玻璃的熔炉温度高达 1500—1600 摄氏度,所以玻璃呈高度流体状,大气泡会浮到表面上来。此外可以添加少量氧化砷或氧化锑,帮助驱除很小的气泡。

19 世纪中叶以前,技术水平达不到这样的高度。熔炉温度低得多,故此博物馆的大部分玻璃展品上,甚至可以见到斑斑累累的大气泡。

仅用硅和钠、或仅用硅和钾制成的玻璃不稳定,水的作用甚或大气的湿度都会侵蚀它。钠玻璃和钾玻璃的稳定化,靠的是小量(5%—10%)氧化钙。过去,氧化钙的掺入纯属偶然,譬如沙不纯净,混有贝壳碎片。当时钠玻璃常规成分为:硅 73%,氧化钠(来自钠)17%,氧化钙(来自石灰岩,或偶然掺入的含钙物质如贝壳)5%,其它氧化物如氧化镁或氧化铝 5%。

世界上有些地区钠储量丰富。约公元 700—800 年以前,地中海东部的玻璃制造业是从产钠地埃及获取钠原料的。嗣后钠供应变得困难起来,便开始广泛采用一种叫作苏打草的含钠海草的灰烬。

许多内陆地区较难获取钠,人们便用钾取代了钠。[206]多种植物燃烧后的灰烬中都含钾,常规来源是欧洲蕨和山毛榉,因此邻近洁净沙场的森林往往成为玻璃生产场地,故有“森林玻璃”一说。在中世纪,德国僧侣特奥菲卢斯于 1120 年左右对玻璃作过著述,描写利用木材灰烬制造玻璃的情况。

　　钾玻璃一般含钾量为 10%—13%。像钠玻璃一样,经常是因为原料不纯净,掺入了石灰,而偶然获得了稳定性。即使比较稳定了,钾玻璃仍旧比钠玻璃更容易剥蚀,表面更容易遭受水的严重侵蚀。玻璃的主要成分,即硅、钠、钾、钙,其比例是灵活可变的,不同的玻璃制造中心习惯于采用不同的混合物。事实上,对于一块大致来自欧洲或中东的中世纪玻璃,今人仔细分析其成分后,对其产地常可猜测得八九不离十。

　　哪怕叫作"白沙",沙子一般都绝不是白色的,而是透着棕色。造成这种棕色的主要原因是铁的氧化物,氧化铁最终进入玻璃,让玻璃带上了一点绿色。早期玻璃瓶会呈深绿,即使现代的玻璃窗,边口也呈绿色。

　　透明玻璃最好采用纯净原料制作。举世闻名的威尼斯水晶玻璃最喜欢使用石英鹅卵石,采自发源于瑞士阿尔卑斯山,流经意大利北部的提契诺河河床。当初人们先将鹅卵石放在炉中烘烤,研磨成粉状,然后混合取自海草灰的钠;此前,通过在水中溶解和再结晶,钠已经提纯过了。精选的纯净原料生产出透明的随时可加工的玻璃,不幸石灰(氧化钙)成分总是太低,制成的器物时间一长就容易剥蚀。

10 世纪以前的中国,17 世纪初威尼斯咸水湖上制造玻璃的岛屿穆拉诺,都制造过氧化铅含量比例较高的玻璃。铅玻璃外观漂亮,光彩夺目,并易于在轮机上切割和抛光。时人用彩色铅玻璃制作人造宝石。

1670 年代英国研发了一种透明铅玻璃(常规成分为:硅 51%—60%,氧化铅 28%—38%,钾 9%—14%),以抗衡大量进口的威尼斯玻璃。这种新型玻璃大获成功,生产出的杯盘碗盏沉重、结实,然而流光溢彩,非常适合雕刻花纹。在我们这本描写西方文明崛起的故事中,倘论制造容器的材料,铅玻璃是不会占据显要地位的,所幸它具有超凡的光学性能。虽然这些性能在铅玻璃诞生五十多年后才被人们认识到,但是有了铅玻璃,早期望远镜以及后来显微镜的镜像质量才得以大幅度提高。

附录 2 玻璃与改变世界的
二十个科学实验

那是六七年前,我们第一次预感到在我们西方的科学化加工业化的文明发展过程中,玻璃可能扮演了特别耐人寻味的角色。又过了两三年,我们认识到,17世纪以前透明玻璃在亚洲的几乎全然缺席给我们提供了一个方法,即对欧亚大陆两端包括知识创新在内的革新进行比较的方法。

玻璃在西方发展中至关重要的第一个预感产生于观察的基础之上,我们注意到显微镜、望远镜和气压计改革了生物学、医学、天文学和化学。为了更全面地认识玻璃对于科学、从而对于现代世界发展的重要意义,我们分析了牛津大学尊敬的科学史家罗姆·哈尔在其著作《伟大的科学实验:改变我们世界观的二十个实验》(牛津,费登,1981年)中遴选的二十个实验。

哈尔选择实验的标准并不是看玻璃的存在或缺席,因此这二十个实验对于我们是随机的和客观的,可以支持或反驳玻璃在科学发展中起了关键作用的论点。

　　在哈尔描述的二十个实验中,有十六个不使用玻璃设备便无法进行,玻璃要么作为透明容器,要么作为透镜、棱镜之类光学仪器构件。下面简述这二十个实验以及玻璃在其中的作用。时间肯定不够精确,有些是因为确切时间不得而知,例如亚里士多德的实验,有些是因为实验持续多年。

1. 亚里士多德,约公元前350年。记录鸡胚胎发育过程。未用玻璃。

2. 威廉·博蒙特,美国军医,约1833年。利用一名军队勤杂人员因步枪走火在胃黏膜上造成的永久性孔洞,进行消化过程实验。使用玻璃容器观察消化过程(陶瓷容器有显著缺点,可能当时已经淘汰)。使用一种玻璃内置液体的温度计测量胃内温度和体外实验罐中的温度。

3. 罗伯特·诺曼,约1581年。首次详细记录的磁倾角测量,也就是磁化后的平衡指南针会向地面下倾,并可探寻北和南。指南针在一个透明大玻璃酒杯的水面下浮动。

4. 斯蒂芬·黑尔斯,约1716—1724年。确定液体在植物体内上下流动的现象。在玻璃试管内观察树液的流动,试管通过铅导管连接在树枝的切口。

5. 康拉德·洛伦兹,约1926—1938年。就幼小物种早期发育过程中如何获得固定行为模式的问题,通过实验确定铭印作用的发生条件。不需要玻璃。

6. 伽利略,约 1603 年。研究加速度性质,用一个光滑的青铜球,沿一根倾斜的长木梁的凹槽滚动,用脉搏测量运动时间。不需要玻璃。

7. 罗伯特·玻意耳和罗伯特·胡克,约 1662 年。U 形管一条腿密封,内盛空气,另一条腿敞开,注入水银,测量一定量的空气在水银不同压强下的体积。必须能够生产一根长而结实的玻璃试管,弯成 U 型,密封一端,这个实验才能进行。

8. 弗莱堡的狄奥德里克,约 1300 年。用一个球形的吹制玻璃瓶,可能是尿壶,注入净水,持于眼睛上方,并背向太阳。这个实验成功模拟了雨滴在虹形成中的作用。需要玻璃做成一定形状的容器,发挥光学作用。

9. 路易·巴斯德,1880 年。这是研制人工疫苗预防传染病的预备性实验,其方法是分期制造一系列培养菌。在鉴别和离析相关微生物的过程中,带有玻璃透镜的光学显微镜必不可少。

10. 欧内斯特·卢瑟福,约 1919 年。这是人工转化某种元素(氮转化为氢)的第一例。实验所用设备主要是玻璃制造的,用作盛装气体的容器。

211 11. A. A. 米切尔森和 E. W. 莫利,1887 年。通过比较光

在两个不同方向——彼此形成一定角度——中的速率,试图探知地球在空间的运行。实验结果是否定的,但是优秀的否定结果往往和肯定结果一样有价值,这也成为米切尔森获得诺贝尔奖的部分原因。实验设备是高精度光学仪器,其中多种透镜和镜子是用玻璃制造的。

12. 雅各布和沃尔曼,1956 年。该实验探索遗传机制和细菌之间基因物质的直接转移。使用光学显微镜,是鉴别和离析细菌的必要手段。

13. J.J.吉布森,1962 年。吉布森关注日常生活中人们如何感知周围的普通物体。他进行的实验表明,人的感知过程绝非看见和触摸这么简单,而是复杂得多。不需要玻璃。

14. 安托万·拉瓦锡,1774 年。水银在空气中加热,生成氧化汞,氧化汞又加热,再生成氧。实验在钟形的玻璃广口瓶中进行,瓶底立在水盆里。加热过程历时十二天,利用一个大型玻璃透镜聚焦阳光,透过钟形玻璃广口瓶加热里面的水银。实验的每一步骤都必须使用不同的玻璃仪器。

15. 汉弗莱·戴维,1808 年。戴维离析了钾、钠和其它六种金属元素,方法是电解这些金属的盐溶液。实验主体部分不是非用玻璃不可(譬如可用陶瓷器具代替玻

212　璃,盛装他所使用的电池),但是用来取样和分析气体
变化,以便确定反应性质的那些容器,无疑必须是玻
璃容器。

16. J.J.汤姆森,1897—1903 年。在密封的玻璃管里装有
极低压的气体——即现代电视机阴极射线管的前身,
通过充电的偏转板使阴极射线发生偏折,演示了小于
原子的微粒之存在。我们今天称之为电子。

17. 伊萨克·牛顿,1672 年。牛顿利用三个玻璃棱镜和一
个玻璃透镜分离阳光中的白光,使之形成色光谱,再
重新合成白光,然后再次分离。

18. 迈克尔·法拉第,约 1833 年。当时已知,电可以通过
很多途径产生:电池生电,用琥珀或玻璃之类绝缘体
摩擦生电,通过移动一个缠绕着导线的磁体生电,加
热两种不同金属的接合点生电,又譬如电鳗可产生
"动物"电。法拉第进行了一系列实验,确定了不论怎
样产生电,每一种来源的电其实都是同样的。该实验
全面使用玻璃,既作为绝缘材料,又作为电存储装置
的构件——当今称之为莱顿瓶。

19. J.J.贝采利乌斯,1810 年。经过大范围的一系列实
验,首次精确测量了 45 种元素的原子重量。贝采利
乌斯是准确测量液体体积的先驱,在这种测量过程
中,以及在处理各类气体的时候,玻璃仪器是他的基

本工具。

20. 奥托·斯特恩,1923 年。斯特恩的实验说明,被研究
材料在气化过程中生成的原子和分子射线,其活动形
态既呈粒子状,又呈波状。主要设备不一定需要玻 213
璃,但玻璃用于真空泵和摄影感光板等辅助设备。

推 荐 书 目[①]

为了保持文本雅洁,我们免除了脚注和注明征引出处。然而本书十分受益于他人的研究工作。下面分别指明每章参考的部分书籍和文章,同时为有兴趣探索具体问题的读者推荐深入阅读的书目。作品全名列在后面的"参考书目"内。如有意进一步了解玻璃及其历史,请访问 www.alanmacfarlane.com/glass。

第一章　看不见的玻璃

Lewis Mumford 所著 *Technics and Civilisation* 中有关玻璃的章节,对本书开篇影响很大。关于钟表和印刷术,见 Landers,Eisenstein。关于玻璃是一种奇特物质,见 McGrath 与 Frost,Honey,*Encyclopedia Britannica* 的"Glass"词条。与本书一系列主题之多种侧面有关的其它启发性著作,见 Adams,Crosby,Gregory,Park,

---

① 本"推荐书目"部分,为便于有兴趣的中国读者查阅原书,故作者名与书名均保留英文,不译成中文。这里提到的作者,其著作的全名见后面的"参考书目"。

Perkowitz。

第二章　玻璃在西方——从美索不达米亚到威尼斯

关于玻璃的一般研究，涵盖了这一时代大部分或全部的，见 Battie 与 Cottle，*Encyclopedia of Glass*，Tait，Honey(若干种)，Klein 与 Lloyd，Singer 等人，*Encyclopedia Britannica* 的"Glass"和"Mirrors"词条；Liefkes，McGrath 与 Frost，Vose，Derry 与 Williams，*Chambers Encyclopedia* 的"Glass"词条；Dauma，*Encyclopedia of World Art* 第 6 卷；Hayes，Moore，Bray，Zerwick。

关于早期玻璃和罗马玻璃，见 Allen，James 与 Thorpe，Bowerstock 等人。关于公元 400—1200 年间的玻璃，见 Hayes，Dopsch，Wilson，Theophilus。关于公元 1200—1700 年间的玻璃，见 Godfrey，Braudel，Mumford，Davies，Anglicus，Ashdown，Houghton，L'Art du Verre。

第三章　玻璃与早期科学的滥觞

主要参考 Crombie 和 Lindberg 的著作。其它有价值的背景性著作，见 Huff，Needham 的 *The Shorter Science*；Park，Ludovici，Bernal。关于巫术思想和科学，见 Kittredge，Yates，Walker。

第四章　玻璃与文艺复兴

论述文艺复兴的文献汗牛充栋,下面列出我们参考过的一些作者。

一般背景:Burckhardt,Hale,Lander,Burke,Gottlieb,Fry,Clark,Hay。美术:Panofsky,Gombrich,Baxandall,Wolfflin,Harbison,Hauser,Witkin,Arnheim,Miller,Friedlander,Baltrusaitis,Gell,Ayres,Bazin,Kahr。透视画法:Damisch,White,Bunim,Wright,Ivins,Kemp,Edgerton。

关于认知心理学:Blakemore,Gregory;文艺复兴时期的著作:Alberti,Leonardo da Vinci,Vasari。关于个人主义及其根源:Carrithers 等人,Gurevich,Morris,Abercrombie,Macfarlane(*Origins*)。关于自传与个人主义,见 Delany。关于绘画与镜子,见 Mumford。关于日本对待镜子的态度,见 Benedict 第 202 页、Koestler 第173 页、Riesman 与 Riesman 第 273 页。关于镜子及其魔力,见 Gregory。

第五章　玻璃与后世科学

本章的灵感之源是一些认为玻璃与科学有关联的初创性观点,见 Mumford 的 *Technics*。关于玻璃与科学之间的关系,见 Singer 等人第 3 卷、Derry 与 Williams。关于显微镜,见 Ludovici,Mills。关于气压计,见 Knowles Middleton。关于二十个科学实验,见 Harré。

第六章　玻璃在东方

关于伊斯兰地区的玻璃制造:Battie 与 Cottle,Tait,Klein 与 Lloyd,Honey,Singer 等人第三卷 230 页。最主要的启发得自 Liefkes 所编 Oliver Watson 的文章。伊斯兰地区的建筑:Blair 与 Bloom,Talbot Rice,Bazin。印度的玻璃:Singh,Dikshit,Klein 与 Lloyd,Battie 与 Cottle,Liefkes。中国的玻璃:Phillips,Liefkes,Needham,Klein,Lloyd 与 Tait,Needham(*Shorter Science* 第 4 页),Battie,Cottle 与 Temple,Elvin 第 83—84 页、Needham 的"Optick Artists"。关于镜子,见 Balustraitis。关于中国的建筑:Williams 第 726 页,Fortune 第 79—90 页,Hommel。关于在玻璃上绘画:Jourdain 与 Soame,Jenyns,Crossman 第八章。日本的玻璃:Blair,Klein 与 Lloyd。欧洲对日本玻璃的记述:Kaempfer 第 3 卷第 72 页、Thunberg,*Travels* 第 4 卷第 59 页及第 3 卷第 279 页,Oliphant 第 189 页,Screech 第 134—136 页、Alcock 第 1 卷第 179 页。

第七章　东西方文明的碰撞

关于玻璃引进中国，见 Liefkes，Battie 与 Cottle，Phillips。关于中国贸易，见 Crossman，Osborne 第八章。关于日本与玻璃的引进，见 Screech。对中国和日本美术的描述，参考 Sullivan，Binyon，La Farge，Bowie，Clunas，Dyer Ball 的"Art"词条。另见 Needham 与 Wang。

第八章　眼镜与视觉困境

讨论眼镜影响的有 Mumford，Larner，Davies，Landers（*Wealth*）。另见 Elvin 第 83—84 页，Needham 的"Optick Artists"。关于近视和视力：Trevor-Roper（若干种），Grosvenor 与 Gross，Dobson，Tokoro，Goodrich，Chan，Mann 与 Pirie，Souter，Harman，Browning，Parsons 与 Duke-Elder，Price，Jollily，Nielson，Eden，Gregory，*Chambers Encyclopedia* 的"Eye Care"，"Myopia"，"Vitamins"词条；*Encyclopedia Britannica* 的"Vision"词条，Welston。关于眼科学发展史，Hirschberg 著作中有大量资料（共七卷）。关于日本的房屋和家具，见 Morse。本章标题取自已故作者 Ernest Gellner 的一部关于社会理论的著作。

第九章　现代世界的诞生

一份有益的对科学革命起源理论的初步概述，见 Shapin 的 *Scientific*。更长的理论概述，参考 Cohen 的 *Scientific Revolution*。关于文艺复兴，Burckhardt 的重要著作 *The Civilisation of the Renaissance in Italy* 迄今无可超越。关于因果和方法论的一些理论问题，Macfarlane 的 *Savage*，*Riddle* 和 *Making* 中进行了讨论，它们也讨论了现代世界起源的其它方面问题。关于"勤业的"与"工业的"分殊，首创者为庆应义塾大学的速水融。

参 考 书 目

除非另有说明，书籍出版地均为伦敦。

Abercrombie, Nicholas, Hill, Stephen and Turner, Bryan S., *Sovereign Individuals of Capitalism* (Allen & Unwin 1986)

Adams, Robert McC., *Paths of Fire: An Anthropologist's Inquiry into Western Technology* (Princeton University Press, Princeton, 1996)

Alberti, Leon Battista, *On Painting*, trans. Cecil Grayson (Penguin 1991)

Alcock, Sir Rutherford, *The Capital of the Tycoon: A Narrative of a Three Years' Residence in Japan* (Longman 1863)

Allen, Denise, *Roman Glass in Britain* (Shire Archaeology, Princes Risborough, Bucks., 1998)

Anglicus, Bartholomaeus, *On the Properties of Things* [De Proprietatibus Rerum], trans. John Trevisa, 2 vols. (Clarendon Press, Oxford, 1975)

Arnheim, Rudolf, *Art and Visual Perception, a Psychology of the Creative Eye* (University of California Press, Berkeley, 1957)

— *Visual Thinking* (Faber & Faber 1970)

Ashdown, Charles, *History of the Worshipful Company of Glaziers of the City of London* (Blades 1919)

Bacon, Francis, *The Advancement of Learning and New Atlantis* (Oxford University Press, Oxford, 1951)

Baltrusaitis, Jurgis, *Anamorphic Art*, trans. W. J. Strachan (Cambridge University Press, Cambridge, 1977)

Battie, David and Cottle, Simon (eds.) *Sotheby's Concise Encyclopedia of Glass* (Conran 1997)

Baxandall, Michael, *Painting and Experience in Fifteenth-Century Italy*, 2nd edn (Oxford University Press, Oxford, 1988)

Bazin, Germain, *A Concise History of Art: Parts 1 & 2*, trans. Francis Scarfe (Thames & Hudson 1962)

Benedict, Ruth, *The Chrysanthemum and the Sword: Patterns of Japanese Culture* (Routledge 1967)

Berenson, Bernard, *The Italian Painters of the Renaissance* (Fontana Library 1960)

Bernal, J. D., *Science in History* (Watts 1957)

Binyon, Lawrence, *The Flight of the Dragon, an Essay on the Theory and Practice of Art in China and Japan, Based on Original Sources* (John Murray 1948)

— *Painting in the Far East, an Introduction to the History of Pictorial Art in Asia Especially in China and Japan* (Dover Publications, Mineola, NY, 1969, originally published in 1934)

Bird, Isabella, *Unbeaten Tracks in Japan* (Virago Press 1984)

Biringuccio, Vannoccio, *The Pirotechnia of Vannoccio Biringuccio: The Classic Sixteenth-Century Treatise on Metals and Metallurgy*, trans. and ed. Cyril Stanley Smith and Martha Teach Gnudi (Dover Publications, Mineola, NY, 1990)

Blair, Dorothy, 'Glass' in *Encyclopedia of Japan*, vol. 3 (Kodansha International, Tokyo, 1983)

— *A History of Glass in Japan* (Kodansha International,

Tokyo, 1973)

Blair, Sheila S. and Bloom, Jonathan M., *The Art and Architecture of Islam 1250–1800* (Yale University Press, New Haven, CT, 1994)

Blakemore, Colin, *Mechanics of the Mind*, BBC Reith Lectures 1976 (Cambridge University Press, Cambridge, 1977)

Bowerstock, G. W. et al. (eds.), *Late Antiquity. A Guide to the Postclassical World* (Harvard University Press, Cambridge, MA, 1999)

Bowie, Henry P., *On the Laws of Japanese Painting. An Introduction to the Study of the Art of Japan* (Dover Publications, Mineola, NY, 1952, originally published in 1911)

Braudel, Fernand, *Civilisation and Capitalism 15th–18th Century*, trans. from French, 3 vols. (vol. i: *The Structures of Everyday Life*) (Collins 1981, 1983, 1984)

Bray, Charles, *Dictionary of Glass: Materials and Techniques* (A. & C. Black 1995)

Browning, John, *Our Eyes, and How to Preserve Them From Infancy to Old Age, with Special Information about Spectacles* (Chatto & Windus 1896)

Bunim, Miriam Schild, *Space in Medieval Painting and the Forerunners of Perspective* (AMS Press, New York, 1970)

Burckhardt, Jacob, *The Civilisation of the Renaissance in Italy* (Phaidon Press 1960)

Carrithers, Michael, Collins, Steven and Lukes, Steven (eds.), *The Category of the Person, Anthropology, Philosophy, History* (Cambridge University Press, Cambridge, 1985)

Chambers Encyclopedia, New Revised Edition, 1966

Chan, Eugene, 'The General Development of Chinese

Ophthalmology from its Beginnings to the 18th Century', *Documenta Ophthalmologica*, 68 (1988), 177–84

Clark, Kenneth, *Civilisation* (BBC 1971)

Clunas, Craig, *Pictures and Visuality in Early Modern China* (Reaktion Books 1997)

Cohen, H. Floris, *The Scientific Revolution: A Historiographical Inquiry* (University of Chicago Press, Chicago, 1994)

Cranmer-Byng, J. L. (ed.), *An Embassy to China: Being the Journal Kept by Lord Macartney During his Embassy to the Emperor Ch'ien-lung 1793–4* (1962)

Crombie, A. C., *Augustine to Galileo*, 2 vols. (Mercury Books 1964)

—— *Robert Grosseteste and the Origins of Experimental Science 1100–1700* (Clarendon Press, Oxford, 1953)

—— *Science, Art and Nature in Medieval and Modern Thought* (Hambledon Press 1996)

—— *Science in the Middle Ages*, vol. i, *Medieval and Early Modern Science* (Doubleday 1959)

—— *Science, Optics and Music in Medieval and Early Modern Thought* (Hambledon Press 1990)

Crosby, Alfred, *The Measure of Reality, Quantification in Western Society 1250–1600* (Cambridge University Press, Cambridge, 1998)

Crossman, Carl L., *The Decorative Arts of the China Trade, Paintings, Furnishings and Exotic Curiosities* (Antique Collectors' Club 1997)

Damisch, Hubert, *The Origin of Perspective*, trans. John Goodman (MIT Press, Cambridge, MA, 2000)

Dauman, Maurice (ed.), *A History of Technology and Invention. Progress Through the Ages*, vol. ii, *The First*

Stages of Mechanization 1450–1725, trans. Eileen B. Hennessy (John Murray 1980)

Davies, Norman, *A History of Europe* (Oxford University Press, Oxford, 1996 under 'Murano')

Delany, Paul, *British Autobiography in the Seventeenth Century* (Routledge and Kegan Paul 1969)

Derry, T. K. and Williams, Trevor I., *A Short History of Technology, from Earliest Times to AD 1900* (Clarendon Press, Oxford, 1960)

Dikshit, M. G., *History of Indian Glass* (University of Bombay, Bombay, 1969)

Dobson, Roger, 'The Future is Blurred', *The Independent*, 20 May 1999

Dopsch, Alfons, *The Economic and Social Foundations of European Civilisation* (RKP 1953)

Dyer Ball, J., *Things Chinese*, 5th edn (Singapore, 1925)

Eden, John, *The Eye Book* (Penguin 1981)

Edgerton, Samuel Y., Jr, *The Renaissance Rediscovery of Linear Space* (Harper & Row 1975)

Eisenstein, Elizabeth L., *The Printing Press as an Agent of Change: Communications and Cultural Transformations in Early-Modern Europe* (vols. i and ii, complete in one volume, Cambridge University Press, Cambridge, 1980)

Elgin Mission – *see* Oliphant

Elvin, Mark, *Another History, Essays on China from a European Perspective* (Sydney University 1996)

Encyclopedia Britannica, 11th edn (Cambridge Press, Sydney, 1910)

Encyclopedia of World Art, vol. vi (McGraw Hill, New York, 1962)

Fortune, Robert, *Three Years' Wanderings in the Northern Provinces of China* (John Murray, 1847, facsimile edn,

Time-Life Books, Alexandria, VA, 1982)

Friedlander, Max J., *From Van Eyck to Bruegel, Early Netherlandish Painting* (Phaidon 1956)

Fry, Roger, *Vision and Design* (Penguin 1940)

Gell, Alfred, *Art and Agency, An Anthropological Theory* (Clarendon Press, Oxford, 1998)

— 'The Technology of Enchantment and the Enchantment of Technology', in Jeremy Coote and Anthony Shotton (eds), *Anthropology, Arts and Aesthetics* (Clarendon Press, Oxford, 1992)

Godfrey, Eleanor S., *The Development of English Glassmaking 1560–1640* (Clarendon Press, Oxford, 1975)

Gombrich, E. H., *Art and Illusion: A Study in the Psychology of Pictorial Representation* (Phaidon Press 1962)

— *The Image and the Eye: Further Studies in the Psychology of Pictorial Representation* (Phaidon Press 1999)

— *Meditations on a Hobby Horse, and Other Essays on the Theory of Art* (Phaidon 1963)

— *The Story of Art* (Phaidon Press 1950)

Goodrich, Janet, *Perfect Sight the Natural Way: How to Improve and Strengthen your Child's Eyesight* (Souvenir Press 1996)

Gottlieb, Carla, *The Window in Art* (Abaris Books, New York, 1981)

Gregory, R. L., *The Intelligent Eye* (World University 1971)

Gregory, Richard, *Mirrors in Mind* (W. H. Freeman, Oxford, 1997)

Gregory, Richard, Harris, John, Heard, Priscilla and Rose, David (eds.), *The Artful Eye* (Oxford University Press, Oxford, 1995)

Gurevich, Aaron, *The Origins of European Individualism*, trans. Katharine Judelson (Blackwell, Oxford, 1995)

Hale, John, *The Civilisation of Europe in the Renaissance* (HarperCollins 1993)

Harbison, Craig, *The Art of the Northern Renaissance* (Everyman Art Library 1995)

Harman, N. Bishop, *The Eyes of our Children* (Methuen 1916)

Harré, Rom, *Great Scientific Experiments* (Phaidon Press 1983)

Hauser, Arnold, *The Social History of Art*, 3 vols. (Vintage Books, New York, 1957)

Hay, Denys (ed.), *The Age of the Renaissance* (Guild Publications 1986)

Hayes, E. Barrington, *Glass through the Ages* (Penguin 1959)

Henkes, H. E., 'History of Ophthalmology', *Documenta Ophthalmologica*, 68 (1988), 177–84

Hirschberg, Julius, *History of Opthamology* 7 vols (1982–6).

Hommel, Rudolf P. *China at Work: An Illustrated Record of the Primitive Industries of China's Masses, whose Life is Toil, and Thus an Account of Chinese Civilisation* (MIT Press, Cambridge, MA, 1969)

Honey, W. B., *English Glass* (Bracken Books 1987)

— *Glass: A Handbook for the Study of Glass Vessels of all Periods and Countries and a Guide to the Museum Collection* (Victoria and Albert Museum, London, published by the Ministry of Education 1946)

Huff, Toby, E., *The Rise of Early Modern Science, Islam, China, and the West* (Cambridge University Press, Cambridge, 1993)

Ivins, William M., *Art and Geometry: A Study in Space Intuitions* (Dover, Mineola, NY, 1964)

— *On the Rationalization of Sight, with the Examination of Three Renaissance Texts on Perspective* (Da Capo Paperbacks, New York, 1975)

Jackson, C. R. S., *The Eye in General Practice*, 7th edn (Churchill Livingstone 1975)

James, Peter and Thorpe, Nick, *Ancient Inventions* (Michael O'Mara Books 1995)

Jourdain, Margaret and Soame Jenyns, R., *Chinese Export Art in the Eighteenth Century* (Scribner, New York, 1950)

Kaempfer, Englebert, *The History of Japan, Together with a Description of the Kingdom of Siam 1690–1692*, trans. J. G. Scheuchzer, 3 vols. (1906, facsimile edition, Curzon Press, Richmond, 1993)

Kahr, Madlyn Millner, *Velasquez. The Art of Painting* (Harper and Row, New York, 1976)

Kemp, Martin, *The Science of Art, Optical Themes in Western Art from Brunelleschi to Seurat* (Yale University Press, New Haven, CT, 1990)

Kittredge, George Lyman, *Witchcraft in Old and New England* (Russell & Russell, New York, 1956)

Klein, Dan and Lloyd, Ward (eds.), *The History of Glass* (Black Cat 1992)

Knowles Middleton, W. E., *The History of the Barometer* (Baros Books 1994)

Koestler, Arthur, *The Lotus and the Robot* (Hutchinson 1960)

La Farge, John, *An Artist's Letters from Japan* (Hippocrene Books, 1986)

Landes, David S., *Revolution in Time. Clocks and the Making of the Modern World* (Harvard University Press, Cambridge, MA, 1983)

— *The Wealth and Poverty of Nations, Why Some Are So Rich and Some So Poor* (Little, Brown & Co. 1998)

Larner, John, *Culture and Tradition in Italy 1290–1420* (Batsford 1971)

L'Art du Verre section of *L'Encyclopedie de Diderot et D'Alembert* (eighteenth century, reprinted in facsimile by Inter-Livres, no date)

Liefkes, Reino (ed.), *Glass* (Victoria & Albert Museum 1997)

Lindberg, David C., *The Beginnings of Western Science. The European Scientific Tradition in Philosophical, Religious, and Institutional Context, 600 BC to AD 1450* (University of Chicago Press, Chicago, 1992)

— *Roger Bacon and the Origins of Perspectiva in the Middle Ages* (Clarendon Press, Oxford, 1996)

— *Roger Bacon's Philosophy of Nature. A Critical Edition* (Clarendon Press, Oxford, 1983)

— *Theories of Vision from Al-Kindi to Kepler* (University of Chicago Press, Chicago, 1976)

— (ed.), *John Pecham and the Science of Optics, Perspectiva communis* (Wisconsin University Press 1970)

Ludovici, L. J., *Seeing Near and Seeing Far* (John Baker 1966)

Macfarlane, Alan, *The Making of the Modern World: Visions from West and East* (Palgrave 2002)

— *The Origins of English Individualism* (Blackwell, Oxford, 1978)

— *The Riddle of the Modern World: Of Liberty, Wealth and Equality* (Macmillan 2000)

— *The Savage Wars of Peace, England, Japan and the Malthusian Trap* (Blackwell, Oxford, 1997)

Mann, Ida and Pirie, Antoinette, *The Science of Seeing* (Penguin 1946)

McGrath, Raymond and Frost, A. C., *Glass in Architecture and Decoration* (Architectural Press 1961)

Miller, Jonathan, *On Reflection* (National Gallery Publications 1998)

Mills, A. A., 'Single-Lens Magnifiers', parts i–vi, *Bulletin of the Scientific Instrument Society*, nos. 54–9 (1997–8)

Moore, N. Hudson, *Old Glass. European and American* (Tudor Publications, New York, 1935)

Morris, Colin, *The Discovery of the Individual 1050–1200* (University of Toronto Press, Toronto, 1995)

Morse, Edward S., *Japanese Homes and Their Surroundings* (first edition, 1886, Dover Publications, Mineola, NY, 1961)

Mumford, Lewis, *The Myth of the Machine: The Pentagon of Power* (Harcourt Brace, New York, 1970)

— *Technics and Civilisation* (George Routledge 1947)

Needham, Joseph, 'The Optick Artists of Chiangsu' with Lu Gwei-Djen, in Jerome Ch'en and Nicholas Tarling (eds.), *Studies in the Social History of China* (Cambridge University Press, Cambridge, 1970)

— *The Shorter Science and Civilisation in China*, 4 vols. abridged by Colin A. Ronan (Cambridge University Press, Cambridge, 1980(2), 1995, 1994)

— (ed.) *Science and Civilisation in China*, vols ii, iii, iv:1, 2, v:2, 3 (Cambridge University Press, Cambridge)

Nielsen, Harald, *Medicaments Used in the Treatment of Eye Diseases in Egypt, the Countries of the Near East, India and China in Antiquity* (Odense University Press, no date)

Oliphant, Laurence, *Narrative of the Earl of Elgin's Mission to China and Japan in the Years 1857, '58, '59*, vol. ii only (Blackwood, Oxford, 1859)

Osborne, Harold (ed.), *The Oxford Companion to the Decorative Arts* (Oxford University Press, Oxford, 1975)

Panofsky, Erwin, *Early Netherlandish Painting, its Origins and Character*, 2 vols. (Icon Editions, New York, 1971)

— *The Life and Art of Albrecht Dürer* (Princeton University Press, Princeton, NJ, 1971)

Park, David, *The Fire within the Eye, a Historical Essay on the Nature and Meaning of Light* (Princeton University Press, Princeton, NJ, 1997)

Parsons, J. H. and Duke-Elder, S., *Diseases of the Eye*, 11th edn (Churchill 1948)

Perkowitz, Sydney, *Empire of Light, a History of Discovery in Science and Art* (Joseph Henry Press, Washington, DC, 1996)

Phillips, Phoebe (ed.), *The Encyclopedia of Glass* (Spring Books 1987)

Popper, Karl R., *Conjectures and Refutations: The Growth of Scientific Knowledge* (Routledge and Kegan Paul 1978)

Price, Weston A., *Nutrition and Physical Degeneration* (published by the author, 1945)

Rammazzini, Bernardo, *A Treatise on the Diseases of Tradesmen* (1705)

Rasmussen, O. D., *Chinese Eyesight and Spectacles* (Tonbridge Free Press). A copy of this rare pamphlet, revised in 1950, is in the Needham Centre Library, Cambridge.

— *Old Chinese Spectacles*, 2nd edn, revised (Northchina Press, 1915). There is a copy of this rare pamphlet in the Needham Centre Library, Cambridge.

— *A Thesis on the Cause of Myopia*. A copy of this rare booklet of 1949 is in the Cambridge University Library, classmark 9300.c.913.

Riesman, David and Riesman, Evelyn Thompson *Conversations in Japan, Modernization, Politics and Culture* (Allen Lane 1967)

Screech, Timon, *The Western Scientific Gaze and Popular Imagery in Later Edo Japan, The Lens Within the Heart* (Cambridge University Press, Cambridge, 1996)

Shapin, Steven, *The Scientific Revolution* (University of Chicago Press, Chicago, 1996)

Singer, Charles, Holmyard, E. J., Hall, A. R. and Williams, T. I. (eds.), *A History of Technology* vols. ii–v (Clarendon Press, Oxford, 1972)

Singh, Ravindra N., *Ancient Indian Glass: Archaeology and Technology* (Parimal Publications, Delhi, 1989)

Souter, W. N., *The Refractive and Motor Mechanism of the Eye* (Keystone Publications, Philadelphia, 1910)

Sullivan, Michael, *The Meeting of Eastern and Western Art* (University of California Press, Berkeley, 1989)

Tait, Hugh, *The Golden Age of Venetian Glass* (British Museum 1997)

— (ed.), *Five Thousand Years of Glass* (British Museum 1991)

Talbot Rice, David, *Islamic Art* (Thames & Hudson 1975)

Temple, Robert, *The Genius of China, 3,000 Years of Science, Discovery and Invention*, Introduction by Joseph Needham (Prion 1991)

Theophilus, *On Divers Arts. The Foremost Medieval Treatise on Painting, Glassmaking and Metalwork*, trans. John G. Hawthorne and C. S. Smith (Dover Publications, NY, 1979)

Tokoro, Takashi, 'Vision Care in Japan', *The Vision Care*, pp. 47–52 (Proceedings of the Yoya Vision Care Conference, April 1998)

Trevor-Roper, Patrick D., *Lecture Notes on Ophthalmology* (Blackwell Science, Oxford, 1961)

—'The treatment of myopia', (*British Medical Journal* vol. 287, 17 December 1983, pp. 1822–3)

—*The World Through Blunted Sight: An Inquiry into the Influence of Defective Vision on Art and Character* (Allen Lane 1988)

Vasari, Giorgio, *The Lives of the Artists*, selection trans. George Bull (Penguin 1965)

Vinci, Leonardo da, *The Notebooks of Leonardo da Vinci*, arranged and trans. by Edward MacCurdy, 2 vols. (Cape 1938)

—*The Notebooks*, 2 vols., ed. Edward MacCurdy (Reprint Society 1954)

—*On Painting*, ed., Martin Kemp (Yale University Press, New Haven, CT, 1989)

Vose, Ruth Hurst, *Glass* (Collins Archaeology, Collins 1980)

Wecker, John, *Eighteen Books of the Secrets of Art and Nature* (London, S. Miller, 1660)

Weston, H. C., *Sight, Light and Work*, 2nd edn (H. K. Lewis, London 1962)

White, John, *The Birth and Rebirth of Pictorial Space* (Faber 1957)

Williams, S. Wells, *The Middle Kingdom: A Survey of the Geography, Government, Literature, Social Life, Arts and History of the Chinese Empire and its Inhabitants* 2 vols. (W. H. Allen 1883)

Wilson, David, *The Anglo-Saxons* (Pelican 1975)

Witkin, Robert W., *Art and Social Structure* (Polity Press, Cambridge, 1995)

Wolfflin, Heinrich, *Principles of Art History: The Problem of the Development of Style in Later Art*, trans. M. D. Hottinger (G. Bell 1932)

Wright, Lawrence, *Perspective in Perspective* (Routledge and Kegan Paul 1983)

Yates, Frances A., *Giordano Bruno and the Hermetic Tradition* (Routledge and Kegan Paul 1964)

Yu, Li, *The Carnal Prayer Mat* (Wordsworth reprint 1995)

Zerwick, Chloe, *A Short History of Glass* (Harry N. Abrams, New York, in association with The Corning Museum of Glass, 1990)

索 引①

本索引所标页码为英文版页码,见中译本边码

---

① 凡在正文中未译出的外来语,此处均译出,但置于方括弧内。

B

O

P

图书在版编目(CIP)数据

玻璃的世界/〔英〕麦克法兰、马丁著;管可秾译. —北京：
商务印书馆,2003(2022.9重印)
ISBN 978 - 7 - 100 - 03918 - 5

Ⅰ.①玻⋯　Ⅱ.①麦⋯　②马⋯　③管⋯　Ⅲ.①玻璃—
普及读物　Ⅳ.①TQ171 - 49

中国版本图书馆 CIP 数据核字(2003)第 071307 号

*

玻　璃　的　世　界

〔英〕艾伦·麦克法兰　　　　
格里·马丁　　　著

管可秾　译

商 务 印 书 馆 出 版
(北京王府井大街 36 号　邮政编码 100710)
商 务 印 书 馆 发 行
北京艺辉伊航图文有限公司印刷
ISBN 978 - 7 - 100 - 03918 - 5

2003 年 9 月第 1 版　　　　开本 850×1168　1/32
2022 年 9 月北京第 3 次印刷　　印张 9　插页 1
定价:59.00 元